AI 時代必讀！
一看就懂的
程式語言思維課

How to Think Like a Coder
without Even Trying

AI 時代必讀！
一看就懂的
程式語言思維課

How to Think Like a Coder
without Even Trying

吉姆‧克利斯欽（Jim Christian） 著

魏嘉儀 譯

AI 時代必讀！
一看就懂的程式語言思維課

機器人陪你養成演算腦，在遊戲中建立核心數位素養！

本書改版自 2018 年 6 月 1 日出版之《不需要電腦的程式設計課》

原 文 書 名　How to Think Like a Coder without Even Trying
作　　　者　吉姆·克利斯欽（Jim Christian）
譯　　　者　魏嘉儀

總　編　輯　王秀婷
校　　　對　陳佳欣

發　行　人　涂玉雲
出　　　版　積木文化
　　　　　　台北市民生東路二段 141 號 5 樓
　　　　　　電話：(02) 2500-7696｜傳真：(02) 2500-1953
　　　　　　官方部落格：www.cubepress.com.tw
　　　　　　讀者服務信箱：service_cube@hmg.com.tw
發　　　行　英屬蓋曼群島商家庭傳媒股份有限公司城邦分公司
　　　　　　台北市民生東路二段 141 號 11 樓
　　　　　　讀者服務專線：(02)25007718-9｜24 小時傳真專線：(02)25001990-1
　　　　　　服務時間：週一至週五 09:30-12:00、13:30-17:00
　　　　　　郵撥：19863813｜戶名：書虫股份有限公司
　　　　　　網站：城邦讀書花園｜網址：www.cite.com.tw
香港發行所　城邦（香港）出版集團有限公司
　　　　　　香港灣仔駱克道 193 號東超商業中心 1 樓
　　　　　　電話：+852-25086231｜傳真：+852-25789337
　　　　　　電子信箱：hkcite@biznetvigator.com
馬新發行所　城邦（馬新）出版集團 Cite（M）Sdn Bhd
　　　　　　41, Jalan Radin Anum, Bandar Baru Sri Petaling,
　　　　　　57000 Kuala Lumpur, Malaysia.
　　　　　　電話：(603) 90563833｜傳真：(603) 90576622
　　　　　　電子信箱：services@cite.my

How to Think Like a Coder without Even Trying
Copyright © Batsford, 2017
Text copyright © Jim Christian, 2017
Illustrations by Paul Boston
First Published in the United Kingdom by Batsford
An imprint of B.T. Batsford Holdings Limited, 43 Great Ormond Street,
London WC1N 3HZ
Traditional Chinese edition copyright © Cube Press, 2018
Arranged with B.T. Batsford Holdings Limited through Big Apple Agency, Inc., Labuan, Malaysia.
All rights reserved.

內頁排版 · 封面設計　Pure　　　　　　　　　有著作權 · 侵害必究
製版印刷　上晴彩色印刷製版有限公司

【印刷版】　　　　　　　　　　【電子版】
2018 年 6 月 1 日　初版一刷　　2023 年 9 月
2023 年 9 月 28 日　二版一刷　　ISBN　978-986-459-527-3（EPUB）
售　價／ NT$399
ISBN 978-986-459-524-2

國家圖書館出版品預行編目（CIP）資料

AI 時代必讀！一看就懂的程式語言思維課：機器人
陪你養成演算腦，在遊戲中建立核心數位素養！/
吉姆．克利斯欽 (Jim Christian) 著；魏嘉儀譯. --
二版. -- 臺北市：積木文化出版；英屬蓋曼群島商
家庭傳媒股份有限公司城邦分公司發行, 2023.09
　面；　公分
譯　目：How to think like a coder without even
trying
ISBN 978-986-459-524-2(平裝)

1.CST: 電腦程式設計 2.CST: 電腦程式語言

312.2　　　　　　　　　　　　　112013642

目次

程式設計師怎麼思考？ 7
什麼是編碼？ 10
電腦無所不在 11
電腦如何運作？ 14
電腦如何思考？ 20
電腦誕生之前 24
程式設計與電腦的歷史 26
每個人絕對都能學會寫程式 30

解決問題 33
大腦如何運作 35
複雜的問題 36
益智遊戲 38
邏輯陳述 41
在限制下工作 43
簡化再簡化 46

學習程式語言 53
怎麼說程式語言 55
設計程式的格式 59
物件導向語言 62
資料的類型 66

資料結構 69
演算法 70
基本迴圈 73
條件陳述式 81
流暢的運算子 88
有趣的功能函數 92
變數 98
除錯 107

未來程式設計師 113
你的下一步 114
設計程式改變世界 119
再玩一個遊戲吧！ 120
用程式設計師的腦袋過生活 125
多一點運算思維 128

名詞解釋 134
延伸閱讀 138
索引 140
致謝 144

程式設計師
怎麼思考？

程式設計師怎麼思考？

　　學習設計程式不論對現在或未來世代而言，都是科技與教育基本素養不可或缺的重要關鍵。電腦可以讓我們每天的生活更簡單，隨著電腦普及、網路也更加發達，我們應該讓自己在擁有這個工具的同時，還懂得如何指揮它們工作。一旦我們了解這件事的重要性之後，就能進展到下一階段：用適合的**程式語言**與電腦「溝通」。最常讓人們放棄學習設計程式的原因，其實就是不知從何下手，或是根本不覺得自己學得會，再加上學習設計程式的方法實在多得驚人。

　　無論是過去、現在與未來（我希望！），程式語言都有一種共通性，那便是一組核心概念。你將會發現這些核心概念是從電腦科學、邏輯與

　AI 時代必讀！一看就懂的程式語言思維課
　　HOW TO THINK LIKE A CODER WITHOUT EVEN TRYING

數學領域發展而來的，而我們透過這些可以協助你在實際寫出一行指令之前，先學會程式設計師的思考方式。因為我們不可能精準預測幾年之後你在工作上會需要什麼樣的新科技或創新技術，更別說十幾年後了，所以我們希望這些核心概念能讓你無論在未來遇上什麼情況，都能先準備好這組人生的萬能工具箱。

　　學習程式設計師的思考模式，其實也能同時建立批判性思考的技巧、增進組織能力，並且培養你用電腦工作時所需的自信，讓你在未來路途中遇見程式語言時，不會手足無措。

　　閱讀這本書時，不需要設備精良的電腦或是任何特定的軟體，只需要一組骰子、一副紙牌，也許再加上紙筆就足夠了！

　　我們將帶你從電腦的運作，到某些電腦科學的概念，如迴圈（loops）、「條件陳述式」（if statements）、變數（variables）開始了解，並進一步解釋許多程式碼與現實世界之間的關聯。讀完這本書將能讓你更了解不可思議的程式設計世界。

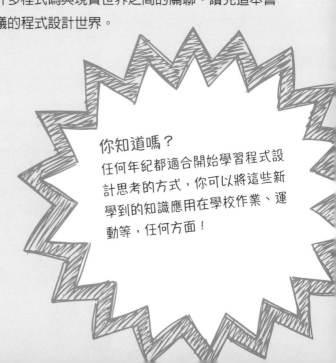

你知道嗎？
任何年紀都適合開始學習程式設計思考的方式，你可以將這些新學到的知識應用在學校作業、運動等，任何方面！

什麼是編碼？

當你聽到「程式碼」，你會想到什麼？也許你想到的是「密碼」，密碼可以防止訊息被他人窺見而將文字或字母轉換，或這也可以是你與朋友之間才懂得的有趣溝通法。嗯，你想得沒錯！「**編碼**」（encoding）是描述資訊與將資訊轉換成不同形式的過程；而「**解碼**」（decoding）則正好相反，是描述經過編碼的訊息並將它轉變成我們比較容易了解的語言。

電腦程式編寫就很像這兩者，我們需要轉化自己的想法，將它變成我們需要電腦幫忙做出的動作。這時，就需要借助程式語言。程式語言是程式設計師與電腦之間的橋梁，用我們比較習慣理解的文字，並把它們翻譯成一種電腦看得懂的語言，即是由數字組成的二進位（binary）。我們等等就會介紹更多關於二進位是什麼（參見第 20 頁）。

切記，最重要的是無論電腦的能力多強，真正的力量來自於我們兩隻耳朵之間的灰色東西——大腦！電腦程式設計師就是一群幫助電腦發揮實力的人。就讓我們開始展開學習的旅程吧！

你知道嗎？
即使是超級名模卡莉・克勞斯（Karlie Kloss）或黑眼豆豆主唱威爾（Will.i.am）等名人，都曾學過如何編寫程式語言以發揮他們的創造力！

電腦無所不在

　　仔細看看四周吧，你會發現現代世界裡電腦幾乎無所不在。我們不僅在家裡、辦公室或學校裡可以看到電腦，甚至出門到處走走時也能看見電腦！電腦最常見的地方大概就在我們的口袋裡，也就是我們的智慧型手機。而且，我們的口袋電腦其實比約五十年前把一群太空人送上月球的初代電腦更為強大！更別提它們體型差距有多大了。電腦的體積曾經大到需要占據一整間房間，而且只有一些特定的功能。今日，它們不僅可以戴在手腕上，還能完成許多任務。智慧型手機能完成的任務，在短短二十五年前都還是一些需要昂貴的專業設備才能辦到的，想像一下把電話、數位相機、錄影機、電腦螢幕與計算機等等機器全都放進口袋，那會是什麼情況啊！

　　由於電腦如此容易使用，我們每天都一定會借助它解決問題（還有休閒娛樂）。我們已經太過習慣電腦的無所不在，甚至沒有感覺到正在使用它。就讓我們花點時間，想一想有哪些是我們經常使用的基本電腦類型。

在家裡

你可能會：

- ∞ 用智慧型手機早上叫你起床、打電話、拍照和玩遊戲。
- ∞ 用穿戴式電腦裝置追蹤你的健康狀態與健身紀錄。
- ∞ 用桌上型電腦寄送電子郵件、瀏覽網頁，並在網路上使用社群平臺。
- ∞ 用筆記型電腦或桌上型電腦完成更特定的工作，如編輯影片、創作音樂或玩遊戲。
- ∞ 用智慧電表（smart meter）計算電力使用量。
- ∞ 用聲控裝置訂購雜貨、播放音樂或進行網路搜尋。
- ∞ 用智慧型牙刷顯示你應該花多少時間刷牙。

出門在外

你可能會碰到：

∞ 當你在商店瀏覽商品時，電腦可以幫你計算消費總金額、查詢商品存貨與協助結帳。

∞ 自動提款機（ATM）可以查詢你的銀行存款並且吐出現鈔。

∞ 紅綠燈與交通號誌依賴一個以偵測器與繼電器組成的系統，能依交通狀態變化，並讓行人安全地過馬路。

∞ 某些電子票證智慧卡鑲有使用方便的晶片。

∞ 保全系統能以錄影機與感應器監視特定區域。

∞ 你可以用電子書閱讀器在任何地方閱讀任何一本書。

還有很多很多例子。我們的家有一天很可能將會裝滿了許多包含電腦的物品，它們也可能擁有網路連線的能力，以利彼此溝通或做一些超乎我們預期的事。也許，我們家裡的濾水器會在濾心需要更換時自動聯絡廠商，或是可以用智慧型手機遙控更換燈泡的顏色。它們就是目前這股物聯網（Internet of Things, IoT）新趨勢的例子，物聯網能讓每天都會用上的單一用途物品（如水壺或門鈴），在裝上電腦晶片之後會變得更「聰明」且彼此間還有網路連結。

　　不論它們的功能或目的為何，以上所有例子都倚仗電腦與程式設計師才能正確運作。

電腦如何運作？

　　家中插上電源或裝上電池的東西，很有可能都是依照電腦程式碼運作，其中某些（或全部）擁有現代電腦的特徵。

是什麼讓電腦能稱為電腦？

　　電腦的外型千變萬化，畢竟我們有手機、平板電腦、桌上型電腦與筆記型電腦，它們的模樣都不盡相同。但是在外殼之內，其實它們都有許多相似之處。讓我們看看電腦裡面都在做些什麼吧。

△ 微處理器 ▽

　　微處理器（microprocessor）是電腦裡面負責「思考」的部分，就像是電腦的大腦。微處理器中的核心可能不只一個，因此讓它能在一秒之間處理多項指令。微處理器的核心愈多，大腦就愈大，也

就能處理愈多的指令。

微處理器也可以稱為中央處理器（central processing unit, CPU）。微處理器包含了數以千計的開關，等待電子訊號通過。電子訊號因此可以進一步串連成電路，這些掌管開啓或關閉的大門就是使用二進位系統（參見第 20 頁）。

△ 隨機存取記憶體 ▽

隨機存取記憶體（random access memory, RAM）就是電腦的記憶，通常以十億位元組（gigabytes）計算。就像我們的大腦，電腦一次只能記住特定數量的資訊。當電腦進行某項任務時，就會占據一定比例可用的隨機存取記憶體，直到任務結束。由於大多數電腦都能同時進行一件以上的任務，所以記憶體當然愈大愈好。

△ 儲存空間 ▽

電腦一定需要擁有某個存放資料的地方，這個儲存的任務通常都由一種叫做硬碟（hard drive）的裝置完成。儲存一樣以十億位元組計算。你的電腦如果擁有愈多的儲存空間，就能存放更多像是圖片、電影與音樂的檔案。電腦的內部儲存空間也叫做硬碟，而在電腦插進隨身碟（universal serial bus, USB）以抓取出某些檔案的則稱為外部儲存空間。

另一個形容電腦無所不在的名詞就是**遍存計算**（ubiquitous computing）。

△ 輸入與輸出 ▽

你家的電腦也許會在內部加裝或在外部附加一些**周邊**（peripherals），如滑鼠、鍵盤、攝影鏡頭或印表機。我們可以透過這些裝置向電腦**輸入**（input）訊息或從電腦**輸出**（output）訊息。例如：

∞ 攝影鏡頭可以擷取你的畫面，並傳送給你正在網路上一起聊天的對象。這就是向電腦輸入訊息的例子之一。

∞ 鍵盤、觸控板與滑鼠可以讓你親手輸入給電腦的指令。

∞ 你電腦上的螢幕可以顯示數據，如網頁、電腦遊戲，或是正在進行的文件工作。這時，就是從電腦輸出資訊。

∞ 某些如智慧型手機與平板電腦等比較新型的裝置，能讓你直接觸控螢幕，這便同時具備了輸入與輸出的功能。

∞ 大多電腦都可以經由隨身碟插孔額外輸入資訊。

△ 網路 ▽

電腦另一項常見的功能就是連結不同的設備，不論是用手機無限播放音樂，或用網際網路查看全世界其他電腦上的資訊。電腦也可能備有無線上網（wireless/ Wi-Fi）的能力，讓你在家中或辦公室的電腦連上網際網路路由器（internet router）。另外，藍芽（Bluetooth）也是另一種連結裝置的方式，如無限滑鼠或手機。絕大多數桌上型電腦還有一個乙太網路（Ethernet）插孔，能用實際插上的電線連結網路。

英國廣播公司（BBC）推出的微型電腦 micro:bit 或是樹莓派（Raspberry Pi）等小型電腦，雖然儲存空間比較小（僅足以運作一個工作專案），一樣也有這部分的功能。另外，樹莓派電腦的儲存空間就只有自行插入的記憶卡大小。

這些都只是電腦的基礎配備。像是智慧型手機等其他電腦，

也還包含了可自動調整
螢幕亮度的光感測器
（light sensors）、加速器
（accelerometers）可以偵
測裝置本身移動的速度、陀
螺儀（gyroscopes）則可以感
知裝置哪一端朝上，指南針與
全球定位系統（global positioning
systems, GPS）則是能夠點出裝置所
在位置。以上所有額外的感測器能讓電腦
在狀態改變時，做出不同的指令。

你知道嗎？
想要展開你的程式設計之路
並學習電腦如何運作，樹莓派
就是一種相當有趣且不昂貴
的方式。

　　大多數的電腦通常都具備了：負責思考的大腦、協助思考的記憶、
儲存東西的空間與可以輸入與輸出的功能。

△ 主機板 ▽

　　電腦內部將前面提到的所有部分串連起來的是一個稱為主機板
（motherboard）的大型電路板。主機板可以讓所有電腦元件或部分互
相連結，電子訊號因此可以在彼此之間來回穿梭以傳遞並接收資訊。
電腦並不是唯一擁有主機板的裝置，所有擁有需要彼此連結的電子元
件的裝置中都可以看到主機板。

人類電腦

電腦的運作其實很像人類或其他動物。我們也有一顆大腦、協助思考與儲存的記憶，還能透過我們的感官接收到輸入的資訊，並用肌肉輸出反應。更別提每個人的外型也都不太一樣。

所以，人類與電腦真的大不相同嗎？如果我們的大腦就是微處理器，那麼，輸入是我們的那個部位呢？

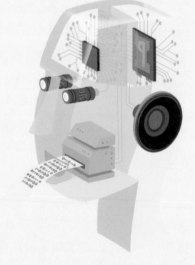

想一想：

∞ 我們用眼睛看到了什麼？

∞ 我們用耳朵聽到了什麼？

∞ 我們用鼻子聞到了什麼？

∞ 我們用舌頭嘗到了什麼？

∞ 我們的皮膚感覺到了什麼？

當然，我們還能透過其他方式感測到輸入，例如我們可以感覺到失去平衡或暈眩、飢餓或口渴，也可以感覺到自己疲累了。

我們擁有強大的記憶能力（也許無法一次全部記住），我們也一樣會依靠外部儲存空間，如寫日記、拍照片或甚至利用電腦儲存東西。

我們之前有提到電腦儲存空間以十億位元組計算，但其實並不盡然。當儲存空間隨時間愈來愈廉價，我們會依當下流行與最普遍可用的規格變化計算方式。目前最普遍的儲存空間計算單位就是十億位元組（GB），例如，你的電腦可能擁有一顆 250GB 的硬碟與一條 16GB 的隨機存取記憶體。

有關儲存空間：

單位		相當於……
位元 bit	0 或 1	是或否
位元組 byte	8 位元	鍵盤上的一個字母
千位元組 kilobyte（KB）	1,024 位元組	兩段文字
百萬位元組 megabyte（MB）	1,024 千位元組	大約一分鐘的數位錄音檔
十億位元組 gigabyte（GB）	1,024 百萬位元組	將近 4,500 本書（平均 200 頁）
兆位元組 terabyte（TB）	1,024 十億位元組	約為 230 部 DVD 電影
千兆位元組 petabyte（PB）	1,024 兆位元組	約 3.5 億張照片

　　相較而言，我們的大腦儲存空間多大呢？這是一項至今已經爭論多年的議題，有些神經科學學家認為應高達 2.5PB，有些人則覺得大約 1TB。我們也許永遠都不會知道真正的答案！

你知道軟式磁碟片（floppy diskette）曾經是最常用的外部儲存空間嗎？在網際網路與無線網路普及且變成主流之前，這就曾是電腦使用者傳送檔案的方式。這就是為什麼現在多數電腦軟體的存檔選項，仍是當年軟式磁碟片的圖樣。

電腦如何思考？

如果我們的大腦利用在其中四處竄行的電子脈衝，將訊息轉化並傳遞至大腦其他部位與身體各處，那麼，電腦又是如何思考？同樣地，它們兩者十分相似。

二進位

二進位是一種計算數量的方式，只需要利用 0 與 1 兩種數字。我們操控電腦的方式是控制其中一些很小的部分（稱為**電晶體**〔transistors〕）開啟或關閉，以讓電子朝正確的方向流動，而順利執行程式。0 與 1 就分別代表電晶體的開和關。每一對 0 與 1 組成一個位元（也就是電腦儲存空間的最小單位）。

所有電腦的輸入與輸出，不論是你最喜歡的電腦遊戲或是網路上的好笑貓咪影片，都由非常、非常多的二進位數字表示。它們全由一個個 0 和 1 組成，然後轉變為電腦看得懂的代碼。這種代碼稱為**機器碼**或**指令碼**（machine code）。

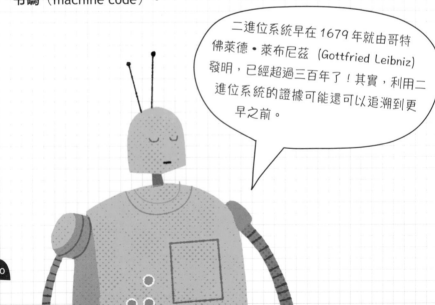

二進位系統早在 1679 年就由哥特佛萊德‧萊布尼茲（Gottfried Leibniz）發明，已經超過三百年了！其實，利用二進位系統的證據可能還可以追溯到更早之前。

△ 二進位的小簡介 ▽

　　了解二進位如何運作最好的方式之一，就是認識如何把一般常用的數字（十進位）轉成二進位數字。首先，把十進位數字的位數分別填入各個表格中，從個位數開始，再寫下十位數與百位數，以此類推。從右方開始，每累積 10，就可以晉升到左邊一個表格（也被稱為以十為底或**十進位**系統）：

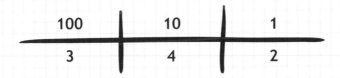

　　在上方表格中，個位數為 2，十位數是 4，而百位數是 3；也就是三個 100、四個 10 與兩個 1，300+40+2=342。

　　而二進位表格則是從右方開始，每累積 2，就可以晉升至左邊的表格，如下表：

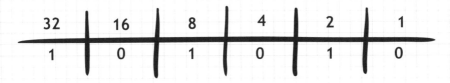

　　在二進位表格中，標註了 1 的表格有 32、8 與 2，加起來就是 32+8+2=42。這個數字在二進位系統就會寫成 101010。

　　這些 0 與 1 就是電腦看得懂的語言：開與關、是與否、對與錯。

△ 用手指二進位傳訊息！▽

以下這個有趣的遊戲就能用上我們剛剛學會的二進位系統，學會這個遊戲，就可以只用我們的手指傳訊息給你的朋友！

我們的雙手最多只能從一數到十。但如果我們用手指代表二進位數字，一隻手就可以數到 31 ！接下來就告訴你如何比劃。

∞ 從一個拳頭開始，這代表的是數字「0」。
∞ 大拇指代表的是「1」。
∞ 食指代表的是「2」。　　∞ 中指代表的是「4」。
∞ 無名指代表的是「8」。　∞ 小指代表的是「16」。

由於英文字母一共二十六個，因此可以讓每個字母搭配一個二進位數字，並且用你的手指比出來。下一頁就是如何利用你的手指比出二進位數字與相對應的英文字母。

這段訊息說的是什麼？*
「1000 101 1100 1100 1111 10111 1111 10010 1100 100」

延伸練習
沒錯，以手指二進位法我們作多只能數到31。但如果我們加入另一手，就可以讓數字一路數到 1,023。記住，我們每加一根手指就相當於多加了兩倍的數字。所以，如果第一隻手的小拇指代表 16，那麼第二隻手的大拇指就是 32，而下一根食指便是 64，以此類推。

世界上可以分為 10 種人，懂二進位的人與不懂的人。

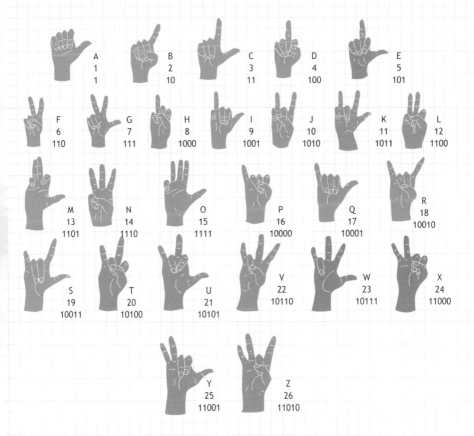

　　也許你可以想出答案全是數字（不過，數字不能超過 1,023 ！）的冷知識小遊戲。那麼，有什麼答案是數字的題目呢？這是一個能同時鍛鍊大腦創意與邏輯區塊的好遊戲！

　　二進位是一套電腦看得懂的數字系統，好險我們不用懂得用二進位數字組成的程式是如何讓電腦裡的代碼運作！不少現在程式語言能幫我們完成這部分，我們隨後就會提到。不過，現在讓我們多學一點有關電腦與程式設計的歷史，看看我們是如何發展成為今日的模樣。

* 解答：「1000 101 1100 1100 1111 10111 1111 10010 1100 100」拼出的就是「Hello World」（哈囉，世界）！這是學習如何撰寫程式最有名也最常見的句子與練習之一。

電腦誕生之前

在電腦現身之前，我們每日的生活是什麼模樣？而我們又是如何從無到有，發展成倚賴電腦為我們完成眾多任務的現代世界？活在現代，可能很難想像沒有電腦的世界究竟是什麼模樣。（而且，其實，電腦存在的時間可能比我們剛開始想像的久遠了許多，我們將在下一章介紹。）

電腦與其他機器有何不同？烤麵包機也是一種電腦嗎？腳踏車呢？都可能是！廣義而言，電腦就是一種能接收資訊並將其轉換且儲存，接著用想要的模式輸出。例如，電視遊樂器從搖桿接收資訊，將手指的動作轉化成遊戲的指令，然後利用螢幕讓玩家看到輸出的資訊。或者，智慧型手錶可以從背部面板感測脈搏，然後在錶面顯示接收到的資訊。

如果不是為了新發想的功能（例如剛剛說到的電視遊樂器），電腦通常都是被用來替代舊的、無法運作的設備，這些設備當中可能包含一些不可靠的部分。

例如，交通號誌燈。傳統的電子機械交通號誌燈大多由手動開關、齒輪、時鐘與槓桿運作。隨著時間過去，號誌燈裡面的部分零件因為生鏽、摩擦與風化開始損耗而須更換。不時維護與更換它們花費不少，因此，一旦電腦控制系統變得划算之後，替換成此系統就變得更有**效率**。

你覺得有哪些現代工作將來可能會被電腦取代？

AI 時代必讀！一看就懂的程式語言思維課
HOW TO THINK LIKE A CODER WITHOUT EVEN TRYING

另一個將舊有系統更換透過電腦與網路運作的，就是我們聽音樂的方式。大約三十年前，當你想聽音樂卻不在音響或汽車旁，就得買一張卡帶（大約可以容納一小時的音樂），然後放進一臺著名的 Walkman 隨身聽裡。隨身聽裡一次只能放一張卡帶，想要聽完整張卡帶還必須在聽到一半時換成另一面（不過，比較新式的隨身聽可以自動翻面）。十五年前，第一臺能「在你口袋裡裝一千首歌」的隨身聽首度面世！今日，網際網路與行動網路發展得更為平價與可靠，我們已可在裝置上串流無限的音樂，完全不用擔心容量是否不足！

不用時時倚靠擁有各式功能的不同設備，而讓電腦結合各式功能，不論在製造、安裝與維修方面都已變得相當便宜。所以，在許多方面，程式設計以逐漸取代了從前機械設計扮演的角色。

學習了解科技趨勢如何演變，能幫助我們預測這些轉變將在未來如何改變人類與電腦產業。

程式設計與電腦的歷史

　　和人類歷史相比，電腦其實相當年輕。但是，程式設計歷史之久可能會讓你大吃一驚。如果二進位的概念早在十七世紀就已現身，那麼，電腦與程式設計在何時開始出現呢？以下是電腦歷史時間線中帶領我們進入現代世界的重要事件與人物。

查理・巴貝 (1791-1871)

　　查理・巴貝（Charles Babbage）是廣為人所認知的數位程式電腦之父，雖然他從未成功完整建造出電腦來。在計算機發明之前，人們依賴「人體計算機」進行數學運算。這些所謂的人體計算機會手寫出各式數學用表，再被謄寫到書中。巴貝知道人類有時一定會疲倦或犯錯，所以數學用表中勢必有人為錯誤。由於這些尚有疑慮的數學用表會用在許多重要的領域，如航海與科學研究，巴貝深知這樣是行不通的。他因此設計了一個可以利用數學電腦計算用表的系統，並稱之為差分機（Difference Engine）。

1991 到 2002 年間，一臺依照十九世紀原始設計圖且可實際運作的查理巴貝差分機終於完整建造出來，目前展示於倫敦科學博物館（London Science Museum）！

愛達・勒芙蕾絲（1815-1852）

　　愛達・勒芙蕾絲（Ada Lovelace）與查理・巴貝在他的新機器分析機（Analytical Engine）尋求贊助的發表中碰面。她對巴貝差分機的潛力著迷，巴貝一樣對她科學與數學方面的能力印象深刻，更暱稱她為「數字魔女」（The Enchantress Number）。這臺新的分析機能藉由**打孔卡**（punch cards）輸入，因此被視為一臺程式電腦。歷史記載中，勒芙蕾絲曾描述一段能使用分析機處理白努利數（Bernoulli numbers，相當重要的運算方程式，人類實際手算有時十分困難且耗費時間）的運算法，因此被譽為史上第一位程式設計師。

艾倫・圖靈 (1912-1954)

　　艾倫・圖靈（Alan Turing）是二次大戰期間知名布萊切利園（Bletchley park）的解碼員，並對現代電腦科學發展有極大貢獻。圖靈也是**人工智慧**（artificial intelligence）領域的先驅並建立了**圖靈測試**（Turing Test）：人類可藉此測試電腦的人工智慧是否已經足以稱為人類。最近嘗試通過圖靈測試的電腦就是深藍（Deep Blue，第一臺打敗西洋棋世界冠軍的電腦）與 IBM 的華生（Watson，美國益智節目《危險境界》〔*Jeopardy!*〕贏得一百萬美元的大獎）。圖靈啓發了所有試圖讓電腦了解自然語言並與人類（與其他生物）溝通的尖端研究領域。

提姆・柏納─李爵士 (1955-)

　　雖然網際網路的建立可以歸功於許多團隊與個人的貢獻，但提姆・柏納─李爵士（Sir Tim Berners-Lee）可謂是全球資訊網（World Wide Web, WWW）之父。全球資訊網由網頁與超連結（hyperlinks，我們通常簡稱為連結）組成。若是少了他在 1989 年的發明，我們很有可能就沒有辦法使用網際網路、搜尋引擎，或是任何我們現在已經習以為常的東西。

想想看，要是少了（或有更多）這些影響電腦與程式設計的先驅，這世界將變成什麼模樣？

高登・摩爾（1929-）

高登・摩爾（Gordon Moore）在 1965 年發表文章，表示電腦晶片上的電晶體每年將增加一倍，並在往後十年持續此增長速度。十年後，他再次表示這樣的發展將轉變為每兩年一倍的速率，此即是知名的「摩爾定律」（Moore's Law），更變成電腦製造業的標準目標：縮小晶片尺寸，以容納更多的電晶體，因此產生更小、更輕且能力更強的電腦。在後半世紀中，摩爾定律或多或少都是此產業的目標。

每個人絕對都能學會寫程式

撰寫程式曾被視為只適合程式設計師的領域，但如今程式設計變得更為簡單而且任何人真的都可以寫。寫程式不僅有趣，同時富表現力與創造力。這是一種能同時想出創新解決方式，且鍛鍊大腦的好方法。你不用擔心寫程式可能不適合你，歷史上每位首次學習編寫電腦程式的人，都只是單純地需要解決某個問題。不論你今年九歲或是九十歲，任何年紀都可以開始學寫程式。

現在，你非常可能已經在想我學會寫程式要做些什麼？什麼時候才用得上寫程式？雖然可能很難視覺化或以文字呈現，你學了程式設計後能做些什麼，但是我希望你能盡可能別讓這個問題困擾你。當你開始懂得用程式設計師的視角觀看這個世界時，寫程式的潛力與可能性將會變得更加清晰。

你知道嗎？
另一種知名的二進位語言就是摩斯密碼（Morse Code），它是一種在十九世紀時，利用點與短線，把文字訊息轉換成電報的方式。

寫程式能做什麼？

某些工作會需要使用部分甚至還沒發明的程式概念，這些很可能就是未來你將發明並拓展出獨有科技產業的領域！你也可能成為下一位馬克・祖克伯（Mark Zuckerberg）、比爾・蓋茲（Bill Gates）或史帝夫・沃茲尼克（Steve Wozniak）。這些人（與等等其他許多人）創造了科技新玩意，這些科技更向外延伸

如果你真的卡在想不通自己為什麼要學習程式設計，想個你喜歡的遊戲或應用程式，然後想像你會希望它在哪些地方能有所改變，或是哪裡可以變得更好！

影響了全世界眾多人口。你也許會有興趣讓程式設計的能力與人道主義的計畫連結（參見第 119 頁），讓更多沒有財力或需要科技協助的人可以接觸程式。擁有寫程式的能力，也可以讓你擁有更多在世界任何角落找到工作的選擇性，只要手上有一臺電腦與網際網路的連線。

世界需要更多的程式設計師

擁有網際網路是現在生活迷人的一面，但學習如何獨立批判性地思考且不依賴搜尋引擎更是重要的一課。在學習程式設計的路上，你很有可能會面臨上網尋求解答的誘惑。請千萬小心無法完全知道出處的現成程式（或任何其他資訊）。

這個世界需要多一點發明家，更重要的是，我們需要這些發明家有能力創造自己的工具。更不用說當你為其他人創作時所得到的極大成就感。任何人都能設計程式，不論你是藝術家、板球球員或科學家，都能想到許多應用的方式。

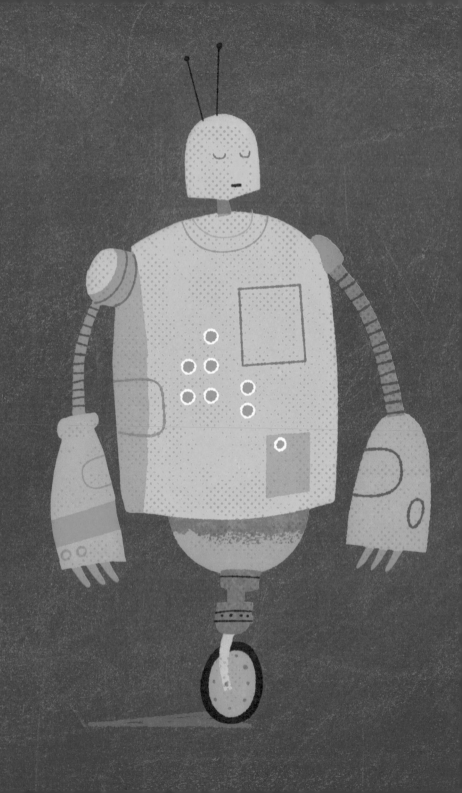

解決問題

解決問題

學習如何成為一位
程式設計師，並不表示你
必須具備許多特殊技能。
但是，一顆渴望解決問題
的心則相當有用！你很
有可能一直都在解決無
數件問題，只是自己渾然
不知。

想一下最近一次迷
路、找不到某個沒去過的
地點。雖然這聽起來不像
是什麼大問題，這仍然是
一件你可能已經解決的
問題。你也許會用智慧型手機導航、打電話找朋友求救、查詢當地地圖
或是詢問路人。僅僅只是尋找不同詢問源頭，都是我們如何解決問題的
各種想像。

解決問題有時是種挑戰，當它變成一種每天要處理的基本事務的確
容易讓人感到疲倦，但這對大腦而言不一定是件壞事。我們需要一點刺
激讓大腦每天都可以解決更難一點的問題。即便你不習慣解決日常生活
的問題，也可以從比較小的問題開始著手，近一步邁向更大的挑戰。

規律的大腦鍛鍊與解決問題可以增加專注力、記憶力與反應力。所
以，學習程式設計的好處並不只有加強寫程式的能力，或是變得能擁有
程式設計師的眼光，而是對於所有人都有幫助。

AI 時代必讀！一看就懂的程式語言思維課
HOW TO THINK LIKE A CODER WITHOUT EVEN TRYING

大腦如何運作

我們的大腦由左大腦與右大腦兩顆半球組成。右大腦控制你的左半部身體，並且負責想像，以及藝術與創造的感知。左大腦則控制右半部的身體，還負責邏輯、語言與推理技巧。

大腦的兩個部分都需要養分以進行每日勢必面對的任務。這些營養來自於我們每天吃的食物、喝的水與優質的睡眠。

實際身體的運動也很有幫助，程式設計師常常會久坐不起，所以長時間坐在椅子上與不良的姿勢就是我們最大的敵人。這就是為什麼我們需要適當的休息、伸展、走出戶外並呼吸一下新鮮的空氣。有時，簡單的散散步，也會是想出問題答案的好方法。

你也可以用一些簡單的活動，分別運動且刺激一下大腦的兩半部。

左大腦	右大腦
解謎	創作
冥想	
寫日記	
學習新語言	速寫或畫畫

學習寫程式能同時鍛鍊大腦的兩半部，因此也稱為「全腦思考」。

複雜的問題

　　有些問題乍看之下感覺相當複雜。這時，我們可以把問題切成比較容易解決與掌握的小部分。就拿宇宙這個問題來說好了。

　　從我們目前所知與理論而言，宇宙無比巨大，大到我們可能永遠都無法徹底了解。它就是我們實際所知最大的東西，我們還知道如果把宇宙分成較小的部分，如銀河系、太陽系、恆星與行星等，我們便可以開始了解這些小部分是如何進一步組成了整體宇宙。

　　一次理解如此龐大的事物並不那麼重要，所以，千萬別因為無法一次了解通透就感到沮喪。大多數複雜的事物之所以複雜，都是因為其中較小且簡單的系統還沒被我們找到。

36　AI 時代必讀！一看就懂的程式語言思維課
HOW TO THINK LIKE A CODER WITHOUT EVEN TRYING

我們也可以把相同的概念套用在化學上。想要了解所有建構出生命的化學成分，科學家必須解構所有化學元素與它們多變的狀態，描繪出我們現在所稱的化學元素週期表。週期表提供我們較小的化學地圖，讓我們更深入地了解它們。

你可以想到其他已經被拆解成較小且較容易辨識的複雜系統嗎？

當遇見問題時，我們總是可以將其分解成三個比較簡單的步驟：

1. 釐清問題問的應該是什麼。
2. 用不同的角度想想這個問題。
3. 用不同的方式測試這個問題。

益智遊戲

　　有沒有什麼讓大腦動起來的方法？想像在沒有經過任何訓練之下，就報名參加馬拉松競賽！同樣地，你也不會想要在未經任何練習暖身之下，就貿然一頭栽入解決問題的領域。在你開始撰寫程式或解決問題之前，有許多方法可以幫你的大腦暖暖身。例如，每天在報紙上做一點拼字遊戲或玩一些簡單的數獨遊戲，就都是一些很好的練習。接著，你就可以進一步玩一些需要用上演繹技巧的數學遊戲或邏輯謎題（參見第40～42頁）。

數獨遊戲

　　數獨可以說是近幾年來最流行的解謎遊戲之一，在任何報紙上都很有可能找得到（或網路與應用程式裡）。數獨由9×9的方格組成，每一行與每一列都必須包含數字1到9。同時，9×9的方格又可以再細分為3×3的小區塊，其中也必須填入數字1到9。不過，每一行、每一列與每一個小區塊都不能出現相同的數字。每一個典型的數獨謎題都會在格子中先寫上一些數字，以引導玩家。等級愈高的謎題，格子中先寫下的數字就會愈少。

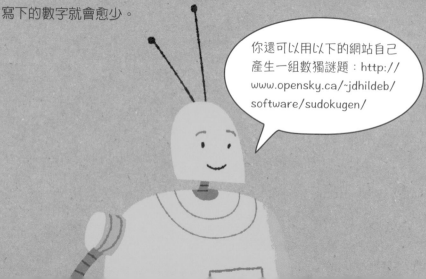

你還可以用以下的網站自己產生一組數獨謎題：http://www.opensky.ca/~jdhildeb/software/sudokugen/

數獨謎題可能長得像這樣：

6	8	2		1				
								8
	4			8	3	6		7
	1	4		3				
8			9		6			1
				4		7	9	
5		3	1	6			8	
2								
				7		2	1	6

解答：
完整的正確解答如右。

6	8	2	7	1	4	3	5	9
7	3	5	6	2	9	1	4	8
1	4	9	5	8	3	6	2	7
9	1	4	2	3	7	8	6	5
8	2	7	9	5	6	4	3	1
3	5	6	8	4	1	7	9	2
5	7	3	1	6	2	9	8	4
2	6	1	4	9	8	5	7	3
4	9	8	3	7	5	2	1	6

找出說謊者

　　邏輯謎題也是另一種同時運動大腦兩半部的方式。看看你是否可以解開由知名邏輯家暨數學家（還有魔術師！）雷蒙・史慕楊（Raymond Smullyan, 1919-2017）設計的謎題。你認識三胞胎兄弟約翰、詹姆斯與威廉，約翰與詹姆斯總是愛說謊，而威廉則只說實話。不久前，你借了約翰一筆數目不小的錢，但他還沒歸還。一天，你在街上遇見了三兄弟之一，如果他是約翰，你正好可以要回借他的錢，但實在看不出來面前走來這位是約翰、詹姆斯還是威廉。如何只能用三個英文單字問出他是否就是約翰本人？

解答：
正確的問法就是：「Are you James?」（你是詹姆斯嗎？）只有約翰會回答：「是」。

	約翰（說謊）	詹姆斯（說謊）	威廉（說實話）
你是約翰嗎？ （Are you John?）	不是	是	不是
你是詹姆斯嗎？ （Are you James?）	是	不是	不是
你是威廉嗎？ （Are you William?）	是	是	是

AI 時代必讀！一看就懂的程式語言思維課
HOW TO THINK LIKE A CODER WITHOUT EVEN TRYING

邏輯陳述

查爾斯‧路特維奇‧道奇森（Charles Lutwidge Dodgson, 1832-1898）是著名的作家、邏輯家與數學家，被譽為發明了第一道幫助人們增強推理技巧的邏輯謎題。三段論法（syllogistic）謎題利用兩個以上的假設，並且必須由這兩項其實為真的假設做出結論。最常見的三段論法的例子如下：

∞ 所有男人都是凡人。
∞ 蘇格拉底（Socrates）是男人。
∞ 蘇格拉底是凡人。

下方是道奇森出的謎題之一，這道謎題至少更好玩一點！

∞ 所有嬰兒都是毫無邏輯的。
∞ 能馴服鱷魚的人絕不會被輕視。
∞ 沒有邏輯的人會被輕視。
∞ 所以，嬰兒沒辦法馴服鱷魚。

你可以想出道奇森另一個三段論法的正確推論嗎？

∞ 受良好教育的人才會買《泰晤士報》（*The Times*）。
∞ 沒有任何一隻刺蝟會閱讀。
∞ 無法閱讀的人一定沒受過良好教育。

解答：
正確的推論應該是「沒有任何一隻刺蝟會買《泰晤士報》」。

腦力激盪遊戲

介紹最後一個謎題讓你動動腦，這項謎題由馬汀・加德納（Martin Gardner, 1914-2010）發明。加德納是另一位因邏輯與數學謎題知名的數學家兼魔術師（這也是查爾斯・路特維奇・道奇森的專長）。最後這道謎題有點狡詐。

把下面這段字母寫在一張紙上（或是列印出來）

NAISNIENLGELTETWEORRSD

寫好之後，劃掉九個字母好讓剩下的字母可以組成一個英文單字。

查爾斯・路特維奇・道奇森以寫出可笑的邏輯遊戲聞名，但毫無疑問他的筆名更為人所知，就是《愛麗絲夢遊仙境》（Alice Wonderland）的作者路易斯・卡（Lewis Carroll）。

解答：
NAISNIENLGELTETWEORRSD
NINELETTERS
其實，劃掉的字母數量為十一個。
但是被劃掉的字母可以拼成「nine letters」（九個字母），而剩下的字母則可以拼成：
ASINGLEWORD
不論是益智遊戲或拼字遊戲，其實任何遊戲都可以在你開始學習程式設計前，讓大腦暖暖身。

AI 時代必讀！一看就懂的程式語言思維課
HOW TO THINK LIKE A CODER WITHOUT EVEN TRYING

在限制下工作

從前幾個謎題經驗，你應該已經發現這些遊戲都分別受到數種特定的**約束**。約束就是一些遊戲進行須遵守的限制或規則。例如，數獨遊戲裡有三個限制，任何一行、一列或 3×3 的小區塊中，數字 1 到 9 都不能出現兩次。在這個例子中，約束就是一種遊戲規則。

在我們的邏輯謎題裡，你只能用三個英文單字問出面前的是三兄弟中的何人。這個特殊的限制能強迫你更有效率的思考；換句話說，就是利用最少的資源（在這裡為單字），創造最有效率的解法。這些約束都是你在學著寫程式時經常會遇見的，例如被電腦實際可用的記憶體限制，因此程式必須盡可能地縮小。

其他程式設計以外的限制可能是時間壓力（像是必須在週末前交出作業），或是須與其他人一起合作（例如必須先把你的報告完成，其他組才能接續進行）。

在你學習程式設計的旅途上，記得筆記下進行中須注意的約束，並且別害怕自己創造出其他約束。也許有一天出了什麼差錯，這麼做就能讓你在經過修補與修正之後成功上傳能運作的程式；如果沒有這麼做，也許永遠無法把程式落實。

渡河難題

最古老的邏輯謎題之一就是渡河難題,這道謎題竟可以追溯至西元九世紀。其中一個近代的版本如下:

一位農夫、一隻恐龍、一隻小精靈與一箱黃金都在河的某一岸。農夫必須把所有東西都用船運到另一岸,但是除了農夫本人之外,小船只能再裝另一樣東西(恐龍、小精靈與黃金)。農夫不能只留下恐龍與小精靈(因為恐龍會吃掉小精靈),小精靈也不能單獨與黃金待在岸邊(小精靈會吃掉黃金)。農夫要如何才能將恐龍、小精靈與黃金都安然無恙地送到對岸?想一想,我們等等會回到這道謎題。

你可能會覺得這道謎題的限制實在有點不公平,完全無法做出富創意的解法。為什麼恐龍不能背著一樣東西自己游泳過河?為什麼農夫不能用那箱黃金再買一艘更大的船?

當我們在撰寫程式時,也會遇到一些限制。有些可能源自於你用來設計程式的電腦(也許電腦硬碟的儲存空間不夠大,或是你寫的程式占的記憶體太大,但系統能分出空間太小)。也可能受到時間的限制,你可能只有兩天,因此在僅有幾天的時間中,無法讓你把所有東西都完整寫進程式。在時間的壓力下,你可能會覺得沮喪,這相當能夠理解。這也全靠你自身的能力想出解決問題的最佳解法。

AI 時代必讀!一看就懂的程式語言思維課
HOW TO THINK LIKE A CODER WITHOUT EVEN TRYING

Δ 解答 ▽

讓我們回到渡河難題。你想出解決的方法了嗎？以下就是解答。

你知道嗎？
渡河難題最古老的版本出現的時間可以追溯到西元第 9 世紀。

∞ 農夫先帶著小精靈過河，把恐龍與寶箱留在原地。

∞ 農夫回去原本的岸邊，並帶著恐龍上船。

∞ 接著，農夫的第二趟回程帶上了小精靈，放下小精靈，把寶箱裝上船，把寶箱帶到另一岸與恐龍放在一起。

∞ 然後農夫回到原本的岸邊，帶著小精靈一起乘船到另一岸。

你也許注意到這道謎題的限制只有不能讓特定的成員單獨放在一起，你可能很快就發現規則裡**缺少**了一個限制，而且是根本隻字未提！規則中完全沒有提到你可以無限次數地來回兩岸，還可以把原本已經帶到對岸的成員載回原岸。

這裡你可以學到的是，當試圖解決問題時，要對看不見的事物或對未提及的資訊保持警覺，因為有時答案就藏在目光看不見的地方。更重要的是，期待始料未及之事！

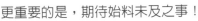

簡化再簡化

　　電腦真的不是特別聰明。裡頭必須裝上許許多多的晶片，才能發揮腦力快速地完成多項任務，但是它能順利運作的智力本質，其實來自於編碼者與程式設計師。也因此，當你想要請電腦幫你完成任務時，下達的指令必須十分精確。

　　某些程式語言已經內建了部分可以直接使用的指令，這些預先備好的資料庫就是所謂的**功能**或**函數**（functions）。我們稍後還會更進一步的介紹這部分，但是，依照選用的程式語言不同，可以做出以下不同的假設：

∞ 電腦可以同時接收輸入且提供輸出。輸入與輸出可能僅是簡單的由鍵盤或滑鼠的移動輸入，結果則可能透過螢幕、儲存裝置或印表機輸出。

∞ 電腦能夠辨識且處理**數據**（data），也就是電腦可以分辨數字、文字與其他數據類型的差異。

∞ 電腦能勝任數學運算的任務（畢竟電腦的正確運作完全倚靠數學），包括可以處理**變數**（variables）、**邏輯**（logic）與**運算子**（operators）。

∞ 電腦能了解並標示方向，例如標示地圖上的座標。

　　即使電腦有上方的能力，我們還是必須下達相當精確的指令。所以，我們無法叫電腦幫我們整理好床鋪、整理房間或做一個三明治，除非你仔細地把這些任務的每一步驟都解釋清楚。這就讓我們看個例子吧。

AI 時代必讀！一看就懂的程式語言思維課
HOW TO THINK LIKE A CODER WITHOUT EVEN TRYING

整理我的房間

　　想要列出整理房間的每個步驟之前，我們必須先定義什麼是整潔的房間。你覺得一間整潔房間的**成功準則**（success criteria）是什麼？讓我們聚焦三個條件。如果你想要整理房間，有哪三件事你覺得需要完成？

　　如果要我猜的話，大概會是：

1. 床已經鋪好。
2. 髒衣服已經放進洗衣籃。
3. 所有東西都收進櫃子裡了。

　　假設我實在不想整理房間，想請機器人幫忙，而且幸運的是我有一隻知識機器人（KnowBot）。

　　我：「好的。知識機器人，你現在可以幫我執行一項任務嗎？」
　　知識機器人：「1」（表示可以）。
　　我：「知識機器人，鋪床！」
　　知識機器人：「……」（在原地呆坐）
　　我：「好的，知識機器人，鋪床就是像這樣。」

1. 把棉被拉直。
2. 把毛毯平整地鋪在棉被上。
3. 最後把枕頭放在棉被與毛毯上

我：「讓我們再把床舖弄亂。知識機器人，鋪床的方法已經告訴你了，現在你能自己試試看嗎？」

其實，步驟說得還不夠精確。

這就是我們所強調的精確。讓我們來看看如何把指令說得更容易理解。

1. 把棉被在整張床上平均地展開。
2. 將毛毯尾端塞進棉被的尾端，接著把毛毯前端往棉被前端拉，直到不能再往前為止。
3. 最後，把枕頭放在床上的棉被與毛毯上方。

　　正確的指令順序一樣是十分重要的關鍵。
　　當你想像程式成果會是什麼模樣時，同時也要設想如何精確表達步驟與步驟的順序。讓我們回過頭再看一次整理我的房間所需達成的條件。條件如下：

1. 床已經鋪好。
2. 髒衣服已經放進洗衣籃。
3. 所有東西都收進櫃子裡了。

　　因為我花了一些時間定義把床鋪好的成功準則，現在知識機器人已經清楚了解指令。真想知道如果我現在叫它去「鋪床」，會發生什麼事。

　　（知識機器人走回我剛剛鋪好的床舖前，面露疑惑。）
　　我：「喔！知識機器人抱歉！床已經鋪好了！」

　　當床已經鋪好時，我們該怎麼告訴知識機器人停止任務？

現在，我們可以借助**流程圖**（flow diagram，也可稱為 data flow 與 flow chart）的幫忙。不只在電腦程式設計方面，在任何計畫複雜事物時，流程圖都相當好用。它能讓各項事物視覺化。流程圖則是由一堆不同的形狀與箭頭組成。

∞ **準備作業**（start）與**終止**（stop）以橢圓形表示。
∞ **處理**（process）以矩形表示。
∞ **決策**（decision）以菱形表示。
∞ 箭頭則表示不同形狀之間的關係。

　　流程圖可以表示相反狀態，知識機器人便可以藉此判斷它是否須要實行任務。這只是一個簡單的流程圖範例，不論在企業或軟體開發方面，都有各式各樣多元的流程圖版本，難度的差異可以如這個例子一樣單純，也能變得相當複雜。
　　學習程式設計的過程中，我們經常需要從螢幕前站起身來，利用其他工具將我們想要設計出的程式視覺化。

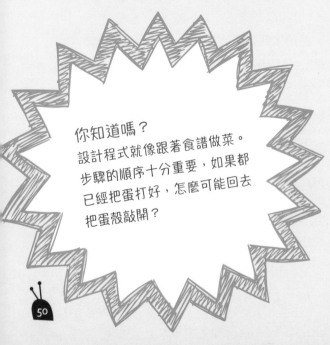

你知道嗎？
設計程式就像跟著食譜做菜。步驟的順序十分重要，如果都已經把蛋打好，怎麼可能回去把蛋殼敲開？

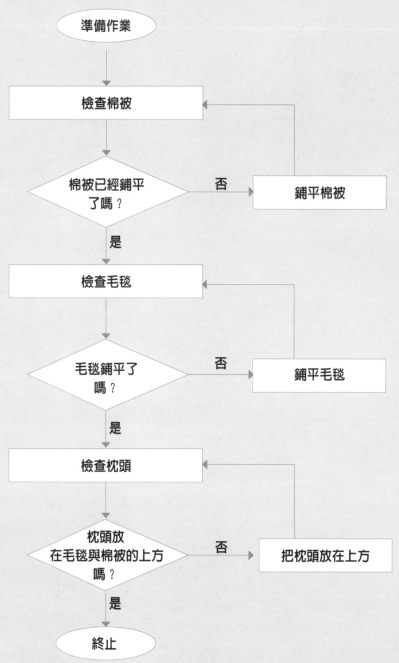

學習
程式語言

學習程式語言

在程式設計師與電腦做出我們想要它達成的任務之間，夾著一層程式語言。還記得電腦只看得懂二進位（或是指令碼）嗎？如下所示：

∞ 0或1
∞ 是或否
∞ 開或關
∞ 對或錯

指令碼由數以億計的微小指令組成，設計給特定電腦微處理器使用。由於並非所有處理器都一樣，不同電腦的指令碼也有所不同。試著編寫指令碼是一件令人驚恐的任務，所以我們利用程式語言把我們的意圖與目標，轉化成電腦看得懂且能夠**執行**（execute）的程式碼。

有些程式語言為人稱的「低階」（low level）語言，可視之為能在電腦最底層運作且最靠近處理器的語言。這樣的語言對我們人類而言可能相當難懂，也需要對執行程式的電腦實體多一點了解。其他「高階」（high-level）程式語言則是為了更容易理解與撰寫而設計出來。但是，由於這些語言離處理器實在太「遙遠」，程式準備好開始運作時間會較長。雖然近代電腦已經發展到速度相當快，而無須考慮這些額外需要花費的時間，因此，在你的學習旅程上最有可能遇到的就是高階程式語言。

下一頁要為大家介紹大部分高階程式語言中會用到的概念與名詞。記得，學習新語言（任何新語言）時經常會遇到新規則與不熟悉的名詞，所以別因此而氣餒！

你知道嗎？
如果我們把電腦程式看作一個國家，它會是全世界最多元的國家，因為其擁有數不盡的多種語言。

怎麼說程式語言

你可能已經聽過**語法**（syntax）這個名詞。這不是專為程式語言發明的名詞，他可用在任何語言上。

語法是我們如何配置字母、文字、標點符號與片語的規範，好讓句子能正確地被看懂。例如以下兩個句子：

「我們來吃，知識機器人！」（Let's eat, KnowBot!）
「我們來吃知識機器人！」（Let's eat KnowBot!）

只少了一個逗點，整句話的意思就變得完全不同！有時，不小心多加了或刪掉了電腦代碼裡的一個字符（如上面的逗號），就會產生出乎意料的結果。

不論你說或寫的是那一種語言，你都已經知道文字須遵循特定的順序與規則。程式語言也不例外。我們寫或說一種語言時，我們用的是句子，每種語言都有自己書寫與口說的規則。當我們把英文的「Hello World」翻譯成其他語言時，我們便可以看到句子的結構產生改變。

英語：
Hello World

愛爾蘭語：
Dia dhuit a domhan

法語：
Bonjour le monde

當我們寫程式碼時，我們用的則是**陳述（statements）**。陳述是帶有動作的電腦代碼之最小單位。例如，當我們想要在電腦螢幕顯示「Hello World」時，就有幾種須遵守的規則：

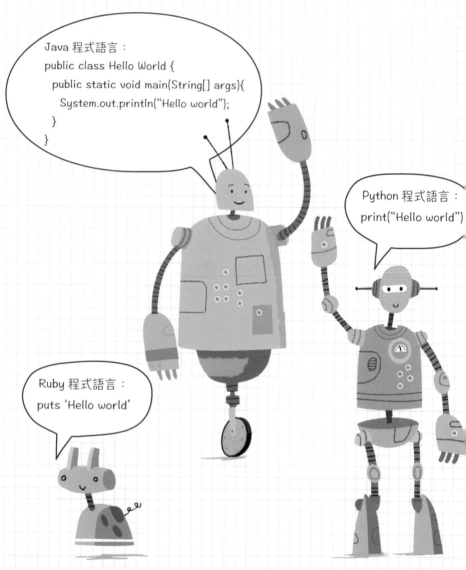

Java 程式語言：
```java
public class Hello World {
  public static void main(String[] args){
    System.out.println("Hello world");
  }
}
```

Python 程式語言：
```python
print("Hello world")
```

Ruby 程式語言：
```ruby
puts 'Hello world'
```

你可以清楚看見一個如此簡單的程式，在不同的現代程式語言就有好幾個關鍵差異。在 Python 程式語言中，括號 () 與引號 "" 的使用與位置是程式能否順利運作的重點。Ruby 程式語言的格式要求最少，而 Java 程式語言中的大括號與分號則很重要。另外，Python 與 Java 每行程式碼都必須有正確的**區塊縮排**（indented）。正確的大小寫（case）在程式碼語法中也相當重要。這些語法規則都能幫助你下達指令時，讓電腦能正確讀取並了解。

語法與上下文

語法不僅在撰寫程式時扮演的重要角色，也是我們預想使用者如何與程式互動的重要方式。近幾年的智慧型手機裡的虛擬助理就是一個很好的例子，它徹底顛覆了我們使用科技的方式，現在，我們可以直接用嘴巴說出的自然語言與電腦互動。

相較於必須使用語法與上下文（context），與虛擬助理對話則顯得相當特別。當我們請智慧型手機上的虛擬助理，幫忙尋找附近有什麼電影上映時，問句可以相當簡單：

「助理，附近有什麼電影上映？」就可以得到精確的結果。比較口語的方式如「今晚電影院放些什麼？」或「讓我看看附近有什麼電影。」也可以得到相似的結果。比較古老或過時的問法則可能沒辦法達到相同的好效果，如「請提供我關於今晚有播出計畫的戲院之地點資訊。」

虛擬助理背後的程式設計師顯然預設了好幾種可能的使用者互動方式。記住，學習像程式設計師一樣思考時，也要像使用者一樣思考你的程式！

換一個字母，意思完全不同！

看看在下方列出的陳述句子中，增加或減少一個字母或標點符號，會如何全然改變一句話的意思？

「Please exist through the gift shop.」（請以禮品店維生。）

「Most of the time travellers worry about their luggage.」（大部分的時空旅行者煩惱的是他們的行李。）

正確答案：

「Please exit through the gift shop.」（請從禮品店離開。）

「Most of the time, travellers worry about their luggage.」（多數時間裡，旅行者煩惱的是他們的行李。）

要記住語法不只跟了什麼有關，也跟說有關！

整合開發環境的幫助

大大幫助程式設計師的利器之一就是整合開發環境（Integrated Development Environment, IDE）。這是一種幫助撰寫程式的軟體工具。現代整合開發環境還包括了**語法標亮**（syntax highlighting）功能，能在編寫程式碼時引導我們。語法標亮會在編寫程式碼的同時變換字詞的顏色，因此功能函數與字串等等（我們稍後會詳細介紹）會更加容易辨識。另一項整合開發環境的特色是自動完成功能，這可以協助你正確地完成陳述。某些整合開發環境還有內建範例，如所使用的程式語言函式庫，因此在編寫程式時可以尋找某些字詞的意思。

有些整合開發環境是相當簡單的文字編輯軟體（例如 Atom），以能包含不同程式語言為目標而設計。有些整合開發環境則比較針對某一程式語言，例如 Greenfoot 就是針對 Java 程式語言而創立，XCode 則

是專門設計給蘋果電腦公司（Apple）的電腦製作應用程式。可以選擇的軟體很多，就像為工作挑選一套最好用的工具，在學習設計程式的旅途上，你將接收到許多幫助，有些幫助甚至來自於撰寫程式的工具。

設計程式的格式

自電腦程式誕生以來，衍生出超過一百種程式語言，但是當然並非每一種至今都有人還在使用！目前，依據不同的使用目的，一共有大約十到十五種普遍的程式語言，這些程式語言隨時都有人在使用。

另一個選用程式語言的方式是選擇**直譯式語言**（interpreted language）或**編譯式語言**（compiled language）。

若使用直譯式語言，所寫的程式能在其他任何電腦上執行，而無須再另外多做處理。其他人可以直接打開你產生的**檔案**（file），便可以執行並互動；常見的例子就是你在全球資訊網上打開的網頁。網站**伺服器**（server）能在特定的網頁或遊戲服務，讓成百上千的人同時擁有相同的體驗，甚至可以一同遊戲（熱門的網頁遊戲貪食蟲〔slither.io〕就是一個很好的例子），而使用者需要的只有網頁瀏覽器，不需要另外下載任何東西。

相對而言，編譯式語言寫成的程式或應用程式必須包成單一檔案（或是一個**執行檔**〔executable〕），並且是針對特定的裝置。例如，我們無法把筆記型電腦上某個最愛的應用程式直接拿到智慧型手機上使用！這需要程式有另一個不同的編譯版本。每當這些程式與應用程式有了新版本，都需要經過再次編譯並安裝，就像你在應用程式商店更新應用程式，或是某個程式推出了可供下載的修補檔（patch，亦稱為修正檔、更新檔或補丁）。

以下我們將介紹另一種觀察直譯式語言與編譯式語言不同的方式。

狐猴假期

　　假設你在馬達加斯加渡過了一段美好假期，整個夏天都在那兒研究與描繪狐猴。其中有一隻狐猴很特別，每天都會跑來看你，並擺出一樣的姿勢等待你畫牠。一小段時間後，你變成畫這隻狐猴的頂尖專家，就在你準備離開返家時，那隻狐猴丹帝（Dante，你幫他取的名字）收好行李、想要跟你一起回家。

　　回到家後，所有你的朋友、家人與同事都想要一張你的狐猴畫像。所以，你決定用最棒的紙與鉛筆製作一張「大師」版本，再用品質最高的彩色印刷複製，分送給你的家人與朋友。每個人都拿到了相同的（直譯式）版本。

很快地，你的狐猴畫得有多棒的消息四處傳開了，甚至傳到了全國另一端的一位編輯耳裡，這位藝術與自然方面雜誌的編輯跟你聯絡，希望可以把你的狐猴畫刊登在下一期的雜誌內。雜誌社已經有一份你的「大師」版狐猴畫，但並不符合網站宣傳的格式，而且，他們還想在總公司的超大型廣告板也貼一張放大版本。再與雜誌社討論過製作廣告牌的技術挑戰後，你傳了一則訊息給了一位藝術學校的同學。她有用來畫畫的觸控板，也同意借給你拿來創作新的「數位」版狐猴畫。

你用她的觸控版畫完之後，輸出了一幅給廣告板使用的最大尺寸版本，中型尺寸給雜誌印刷，小型尺寸則用在網站上，最後你把它們全都用電子郵件寄給了編輯。這是同一張狐猴畫，但是有三種特別編譯的版本！

其他類型的程式語言還包括**物件導向語言**（object-oriented language, OOP）、**資料定義語言**（data languages）與**腳本語言**（scripting languages）。如果你正要開始從某一個常用的程式語言下手（如 Python 或 Java），換句話說，你正在學習的就是物件導向語言。

物件導向語言

當我們使用物件導向語言編寫程式時，便會創造出物件。這些實體物件不是能實際用雙手握住與移動的東西。它們是虛擬的軟體物件，可以完成特定的事，也可以在程式中與其他部分互動。實體物件的很好例子就是你與我！使用物件導向語言，我們可以用虛擬的物件描繪相似性。

例如，我們該如何用物件導向語言創造狐猴丹帝？首先。讓我們觀察一下丹帝的特徵，牠有黑色毛髮與橘色的眼睛，喜歡爬樹、吃東西與當畫作的模特兒。

當我們用物件導向語言想像一個物件時，會先從這個物件的類別（class）著手，類別就像是一幅可以一再重複使用的藍圖。所以，如果我們想要創造出一個物件「丹帝」，就要先產生一個狐猴類別。所有根據狐猴類別（藍圖）創造出來的物件，都是一模一樣的，我們再接著在其中加入一些特徵。

我們這就創造一個名為丹帝的物件吧：

物件類別	物件名稱	物件性質
狐猴	丹帝	黑色毛髮
		橘色眼睛

除此之外，丹帝還可以做一些事，我們把這些事稱為動作（或方法〔methods〕）：

物件	方法
丹帝	爬樹
	吃東西
	當畫作的模特兒

現在，我們創造了一個類別、一個物件，以及這個物件的性質與動作。首先，丹帝肚子餓了，所以我們最好趕快幫牠創造一些食物。就從創造一個稱為食物的類別開始：

物件類別	物件名稱	物件性質
食物	狐猴食物	以昆蟲與水果做成

我們把剛創造出來的食物物件放到丹帝的面前，牠便開始試著吃東西，但是不知為何竟然不管用。不論丹帝怎麼努力，都無法吃到狐猴食物。喔！這是因為我們還沒幫狐猴食物加上方法：

物件	方法
狐猴食物	可以被吃

現在我們幫狐猴食物加上了方法（可以被吃）。丹帝終於可以吃東西了，我們也終於鬆了一口氣！

每一個被創造出的物件都必須指定方法，如此一來物件才能用這個方法與其他物件互動。例如，當某個物件被取名為「汽車」，並不表示它就可以直接上路駕駛。

讓我們看看另一個例子。因為丹帝喜歡當畫作的模特兒，所以我們就創造幾個讓我們可以畫牠的物件吧。首先，我們從設定一個人的類別開始（在這個例子中，我們先假設所有人的類別裡的物件都有手臂與腿等等，而且可以做出所有人類能做的事）。我們還需要創造幾件可以用來畫丹帝的東西：

類別	物件	性質	方法
人	你	雙手	能使用鉛筆
		手指	能用鉛筆畫畫
			能使用速寫本
鉛筆	素描鉛筆	黑色筆芯	能被握住
		尖頭	能畫畫
		附上橡皮擦	能被你使用
			能用來擦除
			能與速寫本互動
			能被你使用
書	速寫本	紙張	能與鉛筆互動

注意，我們不僅創造了鉛筆的類別，還特地在其中加入畫畫鉛筆的物件。一間擁有各式各樣筆與鉛筆的文具店中，你會看到它們都擁有各自不同的性質與使用方式，有的有不同顏色、有的筆芯比較粗、有的比較適合拿來書寫而不是用來畫畫。這就是為什麼我們特別在鉛筆的類別中，創造了一個稱為素描鉛筆的物件。

在我們創造的「你」物件中，我們只寫了幾個性質（「你」擁有雙手與手指）。你之所以身而為人的確需要擁有許多性質！但是當我們用物件導向語言定義物件時，我們只需要放進最相關的性質。想一想，在這個例子中，「你」這個物件是不是長了一頭棕色頭髮或身穿紅色 T 恤，會有什麼差異嗎？「你」這個物件如何使用鉛筆重要嗎？

　　回想一下擺在家裡的物件，例如，你家樓上與樓下各放了一臺電視，也許就會有一支樓上遙控器與一支樓下遙控器。這兩支遙控器的性質可能就是需要電池，那麼它們的方法是什麼呢？它們是否可以轉臺？是否能調整音量？是否每個人都可以使用？

當一個軟體出差錯時，**軟體修補檔**（software patch）就是修復軟體程式的快速方法。這個名詞來自電腦程式還使用紙張與打孔卡的時代。代碼會實際打在卡片上，修改代碼時會在卡片貼上補丁（patched in），軟體修補檔的名稱就此延續下來。

資料的類型

　　不論我們手上的資料是由圖片、文字或數字等組成，所有進入電腦的資訊最終都會變成許多的 1 與 0。就像我們為所有動物界的物種分類，我們也可以幫電腦程式裡的所有資料分門別類，因為如此一來電腦就不會對我們給它的資料產生誤解，而能做出正確的處理。

　　讓電腦能分辨與描述我們想要的資料，可以幫助程式語言了解我們最終想要對資料做些什麼，如資料該如何儲存？資料代表什麼？這又是一個電腦只有在我們精確地告訴它們之後才能理解的好例子。

　　如果我說我想把汽油加進我的油箱（tank，也是坦克車的意思），你腦中浮現的景象是什麼？或是，我說我想把我的板球拍（cricket bat，cricket 與 bat 分別都是蟋蟀和蝙蝠的名稱）收好？你應該可以想像我將我的汽車裝滿汽油，或是把某個運動用品收好；而不是在一臺巨大的軍事車輛裝進汽油，或把一隻會飛的哺乳類動物（而且牠還裝扮成

66　AI 時代必讀！一看就懂的程式語言思維課
HOW TO THINK LIKE A CODER WITHOUT EVEN TRYING

一隻蟋蟀）藏起來。

就像電腦聽不懂同義詞（拼音與念法相同的同一個字擁有不同的意思），它們也無法分辨數字 2 與文字二有何差異。因此，我們以資料類型將資料分成不同種類，好讓電腦可以理解與運作。

所以，資料類型有哪些？

字串（又稱為文字）

字串（strings）是有特定順序的一串字母。也許你還記得我們之前說過字母就是電腦可以顯示的任何符號或字符，其中包括字符、標點符號與數字等等。字串可長可短，它可能是短短的一個字，或是由許多字組成的一個句子。

例如，「string」本身就是一個字串，「This is a string!」這段話也是一個字串。

字串裡面也可包含數字（記得，因為數字也是字母，所以也可以當成字串），在正式開始編寫程式之前，也許你會覺得有一點困惑。但是，數字也可以當成字串的理由其實很好。想一下有沒有什麼把數字當成字串的例子（任何你不會希望把它拿來做加減運算的數字），例如，你一定也不會想要對你的手機號碼或郵遞區號做任何算術運算，所以手機號碼的正確格式就是文字。更別提有些地方的電話號碼是以 0 為開頭，如果我們把它當作數字儲存，前面那個 0 就會被自動移除。

數字

　　你可能已經知道數字的種類其實不只一種，這在編寫程式時也不例外。首先，數字世界裡面有整數（integers）。**整數**是完整的數字，如 0 到 10；某個人的年紀其實就是一種整數（例如，她今年 12 歲）。整數可以是正的，也可以是負的，但不能包含任何小數點。擁有小數點的數字包括真數（real）或浮點數（floating point number）等，如 0.5、7.2 與 10.315。**浮點數**也可以是正的或負的，如經度與緯度的座標（像是 4.815 162.342），或溫度（37.5℃）。

布林

　　布林（Boolean）跟二進位系統的資料一樣，它只有兩種狀態：真或假。還記得二進位是一種使用 1 與 0 的計算系統嗎？因此它只有開與關兩種狀態。我們可以把這種情況套用在任何正反兩方的狀態，如上與下、正與負、進和出。布林資料類型通常會用在可能的結果只有是與否的情形。

日期與時間

　　日期／時間資料類型儲存了日期與時間的數字！這聽起來是一種很簡單的資料類型，但是不同國家的日期表現方式都不盡相同。

　　例如 2015 年 10 月 21 日，美國地區的表達方式為 10/21/2015（月／日／年）但英國地區則是 21/10/2015（日／月／年）。我們以日期／時間資料類型確保大家說的都是同一個日期！

　　選擇與使用正確的資料類型可以決定日期用哪種格式呈現。例如，我們就無法把 42/13/5446 設定為日期資料類型（至少在地球上無法！）

二進位大型物件

二進位大型物件（Binary Large OBject, BLOB）代表大型多媒體檔案，如圖像、音樂或影片檔案。

某些程式或資料語言甚至還會把資料類型分得更細，如結構化查詢語言（Structured Query Language, SQL，為進入或使用資料庫而設計）的 DATE 資料類型紀錄年、月與日的數字；TIME 資料類型儲存時、分與秒之數字；TIMESTAMP 資料類型則紀錄年、月、日、時、分與秒的數字。

資料結構

我們擁有各式各樣的資料類型，有時，我們需要找到確保這些資料有組織化的整理方式，好讓我們能有效率地使用它們。在「手指二進位」那一篇，每一個手勢都代表一個數字與一個英文字母（參見第 22 ～ 23 頁）。若是少了結構，我們就無法解讀所有手勢代表的意思。

演算法

演算法（algorithms）聽來超級陌生且複雜，但其實只是代表一組完成某件任務所須的特定順序動作。我們在第 46 ～ 51 頁曾經簡單提過演算法，當時我們用一組精確的指令，讓知識機器人能依序鋪好床。

演算法裡特定的指令愈多，就能得到愈精確的成果，運算時產生錯誤的機率就會愈小。記得演算法其實就只是給電腦遵守的食譜。接下來，就讓我們試試讓知識機器人幫我們做一個起司三明治：

1. 拿起一片吐司。
2. 放到檯面。
3. 把吐司邊切掉。
4. 把吐司邊放下。
5. 握住奶油刀的刀柄，把它拿起來。
6. 用手握住奶油刀的刀柄，刀口朝外。
7. 把奶油刀朝奶油向下切並向遠離你的方向拉三秒鐘。
8. 提起奶油刀。
9. 移動奶油刀讓它接近吐司。
10. 把奶油刀放低並在吐司面上拉移三秒鐘，重複兩次。

我們已經寫了十個步驟，但才僅僅把吐司的一面塗上奶油！

11. 把奶油刀放到檯面。
12. 拿起一片起司。
13. 把起司放在塗了奶油的吐司上。
14. 拿起另一片吐司。
15. 把這片吐司擺在放了一片起司的吐司上。

AI 時代必讀！一看就懂的程式語言思維課
HOW TO THINK LIKE A CODER WITHOUT EVEN TRYING

　　注意到指令精確到清楚說明握住奶油刀的方式了嗎？而且我們甚至可以讓指令更精確，如規定塗抹時奶油刀的角度與速度。說到這裡，你可以回頭看看我們在步驟 7 與 10 做出的有趣設定，我們告訴了電腦塗抹奶油的時間。畢竟知識機器人無法知道奶油刀上的奶油是否足夠，也不知道吐司怎樣才算是塗抹足夠的奶油。所以我們估計兩者分別大約需要三秒鐘。

步步檢驗

　　古語說得好：「三思而後行」，這句話主要的意義在於行動前再次確認，比事後回頭修正更有效率！在你學習程式設計的路途上，應該好好將這個不成文的規則牢記心頭。在檢查撰寫的演算法時，可用步步檢驗的方式檢查每一步驟是否合理。

　　讓我們就再來看一個關於演算法的例子，藉由一點點數學的幫助而設計出的猜年齡遊戲。

猜猜你幾歲

　　利用這個「數學」小遊戲，你可以大膽地跟朋友說自己可以準確地猜出他的年齡。以下就是遊戲的進行步驟：

1. 請朋友在一張紙寫下他的年齡。
2. 請朋友將這個數字乘以二倍。
3. 再加上 1。
4. 再乘以 5。
5. 再加上 5。
6. 再乘以 10。
7. 再減掉 100。
8. 再把最後兩位數刪掉。

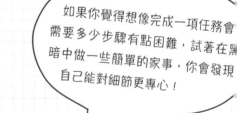

如果你覺得想像完成一項任務會需要多少步驟有點困難，試著在黑暗中做一些簡單的家事，你會發現自己能對細節更專心！

　　短短的八個步驟後，剩下的就是他的年齡。

AI 時代必讀！一看就懂的程式語言思維
HOW TO THINK LIKE A CODER WITHOUT EVEN TRYING

基本迴圈

　　到目前為至，我們已經下了許多苦工，尤其是在撰寫演算法時。如果程式語言的目的是協助我們編寫程式，其中當然有幫助我們不用不斷重複寫下相同指令的功能。

　　感謝老天，當然有這個功能，那就是迴圈（loops）。迴圈可以幫助我們更有效率地寫下重複的指令。我想你一定曾經體會過什麼是迴圈。每年我們都會經歷的最大迴圈就是，地球繞著太陽公轉一週！每三百六十五天，這個迴圈都會重複一次。有沒有比這個更簡單的迴圈？嗯，地球每二十四小時都會自轉一圈。迴圈就在我們四周，存在於每一件會重複發生的事裡。

讓我們趕緊看看迴圈如何讓基本
指令變得更簡單。如果我在離你十步
遠的距離，並請你走過來，我可能會
說：

「向我走 1 步。」
「向我走 1 步。」
「向我走 1 步。」
「向我走 1 步。」
「向我走 1 步。」
「向我走 1 步。」
「向我走 1 步。」
「向我走 1 步。」
「向我走 1 步。」
「向我走 1 步。」

　　最後我一定會因為要給你這麼多道指令而精疲力盡，我猜你也會因
為一下子必須做十遍一樣的事而感到相當惱怒。

　　也有可能我因為不小心在 1 後面多打了一個數字，變成直接叫你
「向我走 13 步」！這時，你也許已經猜到對我而言更好的解決方式是
叫你：

「向我走十步。」

　　這就是迴圈！迴圈就是設計用來讓指令可以重複指定次數，直到某
個過程完成。迴圈有兩種，其一以重複的數字（或次數）控制，另一種
則由條件控制（我們將在第 81 ～ 87 頁更詳細地介紹）。

for 迴圈

　　以次數控制的迴圈稱為「for 迴圈」（for loop）。for 迴圈會依照規定的次數重複指令，不顧結果如何。例如，當我請你走向我時，路途中多了一堵磚牆，但是（如果你完全遵照我的指令），你無論如何還是會繼續朝我的方向走十步。你可能會在途中因為磚牆而無法前進，但你仍然會正確地執行我的指令。

while 迴圈

　　由特定條件控制的迴圈稱為「while 迴圈」（while loop）。這種迴圈會不斷地重複指令，直到（while）遇見特定的條件或情況。如果我向你說：

　　「向我走來，直到碰到我。」

　　情況就會與我請你向我走十步不同。不過，你可能還是會花一點時間越過那堵磚牆！回到我們在之前為三明治寫的演算法，該如何為其中加上更有效率的迴圈呢（記得我們之前只有為一片吐司塗了奶油喔）？

△ 做一個更棒的三明治 ▽

1. 拿起一片吐司。
2. 放到檯面。
3. 把吐司邊切掉。
4. 把吐司邊放下。
5. 握住奶油刀的刀柄，把它拿起來。
6. 用手握住奶油刀的刀柄，刀口朝外。
7. 把奶油刀朝奶油向下切並向遠離你的方向拉三秒鐘。
8. 提起奶油刀。
9. 移動奶油刀讓它接近吐司。
10. 把奶油刀放低並在吐司面上拉移三秒鐘，重複兩次。
11. 重複步驟 1 到 10。

　　最後，我們多加了一個步驟，可以節省我們的時間（而且有做出更棒的奶油三明治的潛力）。我們把第一部分的演算法修正了，接下來我們需要做些什麼？

11. 把奶油刀放到檯面。
12. 拿起一片起司。
13. 把起司放在塗了奶油的吐司上。
14. 拿起另一片塗了奶油的吐司。
15. 把這片吐司擺在放了一片起司的吐司上。

　　我們修正了第二部分的演算法，把另一片塗了奶油的吐司加進去。在演算法加進了一個迴圈之後，我們只多加了一個步驟就能（幾乎）重複這個過程兩次。

AI 時代必讀！一看就懂的程式語言思維課
HOW TO THINK LIKE A CODER WITHOUT EVEN TRYING

你也許已經發現我們在演算法加入的這個迴圈會產生一個新的問題。我們完全沒有告訴這個製作起司三明治的程式，何時應該要停止重複步驟 1 到 10！記住，電腦程式設計成完全依照我們給它的指示運行。因此，步驟 11 其實創造出了一個無限迴圈（這是一種我們必須避免發生的狀態）。依照我們現在所寫的演算法，電腦會不斷為新的吐司片塗上奶油，直到再也找不到任何多餘的吐司與奶油，最後徹底崩潰。這不是件好事，我們現在就要修正它！我們可以把步驟 11 修改成：

11. 重複步驟 1 到 10，直到兩片吐司塗上了奶油。

　　我們給了演算法完成迴圈須完成的精確條件。現在，我們終於可以好好享受一個美味（且有效率的！）起司三明治。

更多的迴圈

從下列知名撲克牌遊戲的步驟中，你可以找出其中有多少迴圈嗎？

△ 釣魚趣 ▽

玩家：二到六位

目標：盡可能地收集最多四張數字相同的撲克牌（如四張 A 或四張二等等）。

1. 每位玩家都發五張牌（如果只有二到三位玩家，則每人發七張牌），剩下的牌則正面朝下放到中間，當作「牌池」。
2. 從發牌者左手邊的玩家開始，第一位玩家可以向任何一位對手要求一張與手中某張數字相同的牌。他們不能要求（又稱為「釣魚」）與手中數字不同的牌。
3. 如果對手手中擁有要求的牌，便必須交給玩家。
4. 玩家繼續向其他對手要求其他的牌。
5. 如果對手剛好沒有被要求的牌，就可以對玩家說「去釣魚」。玩家這時必須在中間牌池抽一張牌。接下來便換另一位玩家進行下回合。一旦玩家收集到四張同數字的牌，就可以從手中抽出放到面前。
6. 當玩家手中沒有任何牌，就必須從牌池中抽一張牌拿在手中。
7. 當牌池的牌都被抽完時，遊戲便結束。面前有最多相同數字的牌就是贏家。

在最剛開始的步驟 1，發牌給每一位玩家的過程就是第一個迴圈。你一定可以想像如果指令是「發給第一位玩家一張牌」等等，這個過程會有多沉悶。只要一個指令，發牌者就可以最少發出十四張牌或最多發出三十張牌。

在步驟 2 中，我們也可以看到另一個迴圈，遊戲從第一位玩家開始（第二個迴圈），玩家向不同的對手要求想要的牌，直到對手手中沒有要求的牌（第三個迴圈）。第一個迴圈最後會在遊戲結束且贏家出現時中止。

另一個我們經常遇到的迴圈就在我們聽的音樂裡面。下一次你在聽音樂時，找找看歌裡的哪個部分會一直不斷不斷地重複，或是不同樂器如何重複出現。

條件陳述式

條件陳述式（conditional statements/conditions）是一種電腦可以根據提供的資訊，做出決定的簡單方式。我們之前介紹迴圈時已簡單介紹過條件。而且，你每天做出的任何決定，也都是根據條件所做。想一想你會在某些特定的天氣狀況下，挑選適當的衣服。例如：

If 外頭正在下雨，
　　Then 我需要帶把傘。
If 綠燈亮了，
　　Then 我可以安全地過馬路。
If 我的手機充完電了，
　　Then 我可以拔下插頭。

條件陳述式通常都會用「if」（如果）作為開頭。這就如同「如果這件事發生，就做那件事」。我們還可以用 **else**（**否則**）加入更多選項，讓我們的條件陳述式更加精確。例如：

If 外頭正在下雨，
　　Then 我需要帶把傘。
Else
　　我就只穿一件外套。
If 綠燈亮了，
　　Then 我可以安全地過馬路。
Else
　　我可能會受傷。
If 我的手機充完電了，
　　Then 我可以拔下插頭。
Else
　　我出門時，手機的電就不是充飽的。

如果你還記得，我們在前面就已經學過如何在流程圖中使用這一招，來幫助知識機器人鋪床（參見第 51 頁）。

　　在原始流程圖中，知識機器人會檢查某些條件是否已經完成，好確定該如何把床鋪好。如果沒有完成，它就會把這個步驟做好之後，再進行下一個。我們可以把知識機器人要做的這些步驟寫成條件陳述式：

If 棉被沒有拉直，
　Then 拉直棉被。
Else
　進行下一步驟。
If 枕頭沒有放在最上方，
　Then 把枕頭放在最上方。
Else
　停止動作。

　　我們甚至還可以利用布林數值描述棉被、毛毯與枕頭的狀態。

If 棉被拉直＝ TRUE，
　進行下一步驟。
Else 如果棉被拉直＝ FALSE，
　拉直棉被。
If 枕頭放在最上方＝ TRUE，
　進行下一步驟。
Else 如果枕頭放在最上方＝ FALSE，
　把枕頭放在最上方。
　停止動作。

在這個鋪床演算法的版本中，我們用事情的真（true）與假（false）來評估條件。「棉被拉直」= FALSE，就等於「棉被沒有拉直」= TRUE，我們剛剛所寫的演算法同時把所有棉被、毛毯與枕頭的真假狀態都寫下了。然而，我們想要的其實是知識機器人在條件為假時，展開行動（我們希望他在床沒有鋪好時幫我們鋪好，而床已經鋪好就不用）。所以，我們還可以用另一種方式編寫演算法（而且更簡單），如下：

If 棉被拉直 = FALSE，
　拉直棉被。
Else
　進行下一步驟。
If 毛毯拉直 = FALSE，
　拉直毛毯。
Else
　進行下一步驟。
If 枕頭放在最上方 = FALSE，
　把枕頭放到最上方。
Else
　停止動作。

前面兩個的演算法其實本質上都是正確的，但你覺得哪個比較有效率？這兩個演算法都只花了八個步驟，我們能說哪個更有效率嗎？記得，有效率不只表示步驟更少，更在於確定所有步驟都盡可能有意義。

在第二個例子中，不需實際寫下「如果棉被拉直 = TRUE」，我們已經用「如果棉被沒有拉直，就把它拉直」把它包含在內了。如果拉直了就進行下一步驟吧。我們用 Else（否則）把 TRUE 的情形都囊括了。

就像那句諺語說的，重質不重量！

為釣魚趣加上更多條件

讓我們用另一種方式來看看撲克牌遊戲釣魚趣吧。回頭看看釣魚趣的遊戲規則，你就會發現其中包含了一些條件！而且也不難找，因為條件通常都會以「if」做為開頭。你可以把它們統統找出來嗎？

△ 釣魚趣的遊戲規則（加上條件陳述式）▽

1. 每位玩家都發五張牌（如果只有二到三位玩家，則每人發七張牌），剩下的牌則正面朝下放到中間，當作「牌池」。

從遊戲的第一條規則，我們就得到了第一個條件陳述式：

If 如果玩家數小於等於三位，且大於一位。
Then 發給每位玩家七張牌。

接著是第二條規則：

2. 從發牌者左手邊的玩家開始，第一位玩家可以向任何一位對手要求一張與手中某張數字相同的牌。他們不能要求（或「釣」）與手中數字不同的牌。

這條規則中也有一個條件陳述式：

If 如果玩家手上沒有某個特定數字的牌。
Then 玩家不能要求這個數字的牌。

3. 如果對手手中擁有指定數字的牌，便必須交給玩家。

這條規則的條件其實已經寫得相當清楚！還能換句話說嗎？

4. 玩家繼續向其他對手要求指定數字的牌。

5. 如果對手手中剛好沒有指定數字的牌，就可以對玩家說「去釣魚」。玩家這時必須從中間牌池抽一張牌。接下來便換另一位玩家進行下回合。

這個規則裡的條件陳述式我們可以寫成三個步驟：

If 對手擁有指定數字的牌 = FALSE，
Then 對手就要向玩家說「去釣魚」。
　　　玩家從牌池抽一張牌。
　　　結束這回合。

6. 一旦玩家收集到四張相同數字的牌，就可以從手中抽出放到面前。

在這條規則中，條件陳述式怎麼可以少了「if」呢！

If 玩家收集到四張相同數字的牌，
Then 將四張相同數字的牌從手中抽出。

7. 當玩家手中沒有牌了，就必須從牌池中抽一張拿在手中。

這也是另一個明顯的條件陳述式：

If 玩家手中的撲克牌張數 == 0
Then 從牌池抽出一張牌。
　　　把這張牌拿在手中。

即使是條件陳述式，我們的描述一樣必須精確，就像這則笑話：約翰想去雜貨店一趟，就問了問他的妻子是否要順道帶點什麼。妻子告訴他：「幫我帶一條麵包，如果他們有蛋，就買一打。」結果約翰就帶著十二條麵包回家了。

8. 當牌池的牌都被抽完時，遊戲便結束。面前有最多四張同數字牌的玩家就是贏家。

最後一個遊戲規則中的條件陳述式：

If 牌池的撲克牌張數 == 0
Then 遊戲結束。
If 玩家四張同數字的牌比對手多，
Then 玩家獲勝。
Else 如果對手四張同數字的牌比玩家多，
Then 對手獲勝。

「有最多四張同數字牌的玩家就是贏家」的規則，讓我們可以明確區分出贏家與輸家的不同。

釣魚趣是一種擁有簡單規則與玩法的撲克牌遊戲，這個遊戲讓我們知道，無論在任何事情上我們都可以像程式設計師一樣思考！

流暢的運算子

在我們尋找釣魚趣遊戲中的條件陳述式時，你應該也注意到我們加入了一些新東西，它們就是評估運算子（evaluation operator），又稱為比較運算子（comparison operator）。你也許會納悶為什麼有的等於符號會打兩個（這不是打錯字）。

我們利用各式條件評斷真與假，所以運算子的使用可以讓我們有多一點機會創造出評斷真與假的狀態。以下列出一些比較運算子與如何使用它們：

運算子	描述	例子	結果
==	等於	1+1 == 2	真（true）
!=	不等於	2 != 2	假（false）
>	大於	10 > 5	真（true）
<	小於	10 < 5	假（false）
>=	大於等於	6 >= 4	真（true）
<=	小於等於	(5-1) <= 4	真（true）

我們會把單獨一個「=」用在其他地方，像是設置數值或把某些東西稱為變數，我們稍後會更詳細介紹（參見第 98 頁）。

邏輯運算子

我們在最後一個例子裡面不只偷渡了條件運算子。我們一樣也可以用邏輯運算子控制條件的運行。你應該也還記得我們在讓你的大腦暖暖身的〈益智遊戲〉時，曾稍稍提過邏輯。

下面就是我們如何使用邏輯運算子：

運算子	描述	例子	結果
&&	和	(1+2) && (4-1) == 3	真（一加二和四減一都等於三）
||	或	(2 == 3) || (2 == 1)	假（二不等於三，且二也不等於一）
!	不	! (3 == 2)	真（三不等於二）

認識了新的條件與邏輯運算子之後，釣魚趣的第一條規則：

If 如果玩家數**小於等於**三位，且**大於**一位，
Then 發給每位玩家七張牌。

可以如何改寫成更簡單的版本？

解答：
If 玩家數 <= 3 && > 1
Then 發給每位玩家七張牌。

△ 通靈硬幣 ▽

在這個魔術把戲中,我們可以利用條件陳述式判斷哪一個硬幣曾經被人拿起並握住。準備好五枚銅幣、一張桌子與一位朋友,就可以表演魔術了。

步驟:

把五枚硬幣放到桌上。向你的朋友說:「我對錢有神祕的一套。我沒有常常告訴別人我有這個神奇的技能,因為這技能似乎只對小面額的錢幣管用,但因為你是我的好朋友,所以我就把這個小奇蹟告訴你吧。」等等之類的話。如果你的朋友同意你表演給他看,就告訴他:「看一下桌上的硬幣,你可以隨意地檢查它們,或是移動它們」。讓你的朋友看了看之後,你就對他說:「現在,我會轉過身去。請隨意拿起任何一枚硬幣,把它貼緊你的前額。」

當你的朋友把硬幣拿起來時,告訴他盡可能地貼緊前額,並且盡可能地用力想著這枚硬幣,這時它們會透過乙太向你通靈。持續大約三十秒之後,請你的朋友把硬幣放回原來的位置。

當你的朋友把硬幣放好之後，告訴他：「啊哈，資訊已經用心電感應傳過來了！現在我只要將手在有問題的硬幣上揮動，就可以決定哪一枚是與我有感應的硬幣！」當你把手靠近在桌上的硬幣揮動時，你應該能感受到那枚緊貼在你朋友前額長達半分鐘硬幣的熱度。然後，舉起那枚硬幣，並看看你朋友吃驚的臉。

你可以找出這個小魔術的條件陳述嗎？

If 硬幣是熱的，
Then 這枚就是你朋友挑中的硬幣。

如果你懂得如何尋找，就可以在許許多多的事物中發現條件陳述式！

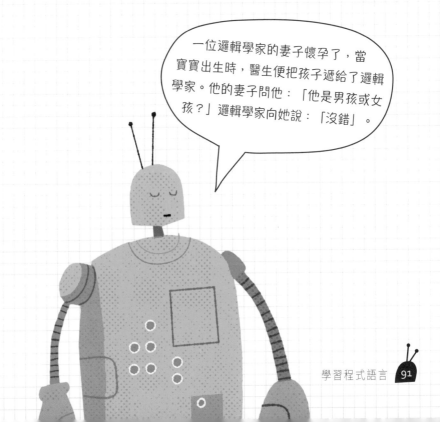

一位邏輯學家的妻子懷孕了，當寶寶出生時，醫生便把孩子遞給了邏輯學家。他的妻子問他：「他是男孩或女孩？」邏輯學家向她說：「沒錯」。

有趣的功能函數

如果可以在程式設計時不用每一個部分都自己一字一句地寫下，要是有一些東西已經幫你寫好，那該有多好。沒錯，這就是功能函數（funtions）的用處。

功能函數其實就是在程式語言中，某些已經幫你準備好的區塊。許多陳述式都已經幫你寫好，等著你直接利用，這就是所謂的內建函數（built-in functions，或稱內建功能）。

不同的程式語言擁有的內建函數互有差異，但它們都能讓你直接使用一些已經寫好的部分，而不必重複編寫。

有的功能函數可以運算基本或複雜的數學、有的能產出隨機亂數，有的還能把文字顯示在螢幕上。功能函數已經幫你把許多苦工完成，你就不用花時間再次編寫。

下面是 Python 程式語言內建的三個功能函數：

功能函數	它能做什麼
int()	把數字或字串轉換成整數（能改變資料類型）
print()	把資料輸出到螢幕
randint()	產生一個隨機亂數

在上面 Python 的例子中，可以看到有兩個裡面沒有任何東西的括號 ()。這些括號等著我們在中間放入引數（argument，也有爭論之意）。不知道你是不是也跟我一樣看到 argument 的時候，腦海裡浮現的其實是兩個人正在激烈地討論不同的意見！但是在功能函數的世界裡，argument 代表提供給功能函數的特定資訊，就像是輸入的作用，我們稱之為引數（這些為獨立變數，我們稍後會更詳細地介紹，參見

92

AI 時代必讀！一看就懂的程式語言思維課
HOW TO THINK LIKE A CODER WITHOUT EVEN TRYING

第 98 ～ 105 頁）。其實我們之前在提到語法時，已經看過功能函數 print()，如下：

print（"Hello world"）

所以，我們會提供函數引數（輸入），並利用函數的運算之後再產生輸出。在我們之前看到的 print() 函數例子時，「Hello world」就是如同輸入的引數，在電腦螢幕上的輸出就會像是：

Hello world

這聽起來真好用，對吧？更棒的是，你還可以創造自己的功能函數，你完全不須僅僅仰賴程式語言提供的內建函數。所以，如果你在程式中寫了一個可能會用一次以上的演算法，你就可以把它儲存成功能函數，然後重複使用。

進一步認識功能函數

函數是會與其他東西一同出現的動作，這個定義不僅適用於電腦領域。看看我們自己的身體吧，很容易就會發現在我們的人類操作系統上，有許多「預設」的常用功能。這些功能非常自動自發，我們甚至大多時候都不會注意到它們的存在！例如，你記得上次什麼時候呼吸嗎？

花一分鐘注意一下自己的呼吸：吸氣，然後呼氣。呼吸是我們身體的必要功能之一，少了這項功能，我們便無法把氧氣帶進血液，再把氧氣打向體內所有器官。

如果我們能把大腦打開，看看裡面設了哪些操作系統，也許可以找到兩個分別是吸氣與呼氣的功能函數，以無限迴圈的方式運作。這兩個功能函數會怎麼寫呢？

功能函數	動作
吸氣	收縮橫隔膜
	擴大肺
	從鼻子與嘴巴吸入空氣
	空氣從氣管往下移動
	空氣進入肺裡的肺泡
	空氣中的氧氣進入血液
呼氣	二氧化碳從血液進入肺泡
	舒張橫隔膜
	空氣被肺被擠出，經過氣管，從鼻子與嘴巴呼出

這些就是我們體內「預設」的演算法與迴圈！

程式語言內的內建函數有一個重要的特點，它們只有在你需要的時候才會現身。這是另一個關於效率的例子，也就是我們只載入我們需要的部分。如果我們每個程式都把所有內建的功能函數都帶在身上，程式就會既臃腫又相當忙碌。

如果我想要使用一些關於時間或數學計算的函數，我會向我的程式語言「借用」（匯入）。然後我就可以在我的程式中利用跟時間及數學有關的所有類型數學運算子。

現在，假如我沒記錯的話，我的肺不知道該怎麼算數學（至少我不認為它們會）。但如果我想要計算我吸氣跟呼氣一次要花多少時間，或是想要放慢我的呼吸，我就需要數學計算的功能才能完成。在我的人類操作系統上，我需要從其他身體部位（我的大腦）借用計算數學的功能。

△ 神奇 8 號球 ▽

神奇 8 號球是源自 1950 年代的小巧玩具，可以用來預測未來。球裡藍色液體懸浮著一顆二十面的骰子，每一面都印著不一樣的解答。有的人會向神奇 8 號球詢問一些簡單的是非題（就像布林數值），接著將球翻轉過來，然後看看骰子浮現在背面透明視窗上的那面說了什麼答案。

我們的身體還有哪些不需要經過思考就會自動運作的功能？

神奇 8 號球可能有的解答如下，可以分為是、否與也許三大類：

是	也許	否
1. 這是肯定的。	11. 答案有點模糊，請再試一次。	16. 別指望了。
2. 這一定是如此。	12. 請稍後再問一次。	17. 回答是不行。
3. 毋庸置疑。	13. 現在還不是告訴你的時候。	18. 我得到的消息是不行。
4. 這很可靠。	14. 目前還無法預測。	19. 看起來不是很好。
5. 是，絕對是。	15. 請集中精神再問一次。	20. 非常值得懷疑。
6. 就我所知，是的。		
7. 相當肯定。		
8. 看起來很不錯。		
9. 是。		
10. 種種跡象表示肯定。		

有些程式語言中「功能函數」與「方法」兩個名詞會通用。然而，不同的程式語言中名詞的定義也有差異。物件導向語言（如 Java）中的「方法」則是完全不同的東西！

在以上二十種可能的答案中，十種為「是」的正向答案，五種為「否」的負面答案，另外還有五種則是「也許」的答案。

如果我們打算只用紙、鉛筆與幾顆骰子設計一個神奇 8 號球遊戲，該怎麼做呢？我們要在哪兒用上新學的演算法、迴圈、條件、變數與功能呢？

紙上神奇 8 號球

這次遊戲我們需要四顆五面骰子或五顆四面骰子，以創造二十種不同的答案選項。不過，因為我們家裡能找到的骰子通常都是六面骰，所以你也可以選擇使用四顆六面骰子，然後創造出二十四種答案。

是	也許	否
1. 這是肯定的。	11. 答案有點模糊，請再試一次。	18. 別指望了。
2. 這一定是如此。	12. 請稍後再問一次。	19. 回答是不行。
3. 毋庸置疑。	13. 現在還不是告訴你的時候。	20. 我得到的消息是不行。
4. 這很可靠。	14. 目前還無法預測。	21. 看起來不是很好。
5. 是，絕對是。	15. 請集中精神再問一次。	22. 非常值得懷疑。
6. 就我所知，是的。	16. 我不確定。	23. 你在開玩笑嗎？怎麼可能。
7. 相當肯定。	17. 是。啊，不是。等一下，你在說什麼？	24. 不用懷疑，百分之百絕對不會發生。
8. 看起來很不錯。		
9. 是。		
10. 種種跡象表示肯定。		

這個遊戲可以兩人以上一起玩，一人扮演「8 號球」，其他人則可以問問題，問的問題必須能以「是」與「否」回答。「8 號球」負責擲出骰子，接著把數字加總起來，並從上方的答案表中找出對應的解答。

在個例子中，我們從骰子「借用」了產生隨機數字的功能，感謝骰子幫我們完成這項工作！

這些規則裡面有沒有哪裡出了差錯？沒錯，如果我們使用的是六面骰子，就永遠擲不出比四小的數字。我們該如何調整答案表呢？

變數

我們在上一章介紹功能函數的時候曾經大略提過變數（參見第 92 頁）。變數就像是有一個名稱與一個數值的預留位置，裡面可以裝進任何種類的資料，更可以隨著我們想要使用的方式，改變資料的數值。

最常使用變數的例子就是電視遊樂器。電視遊樂器遊戲中角色的生命值或生命數都是變數。這些變數的名稱都不變（如「生命數」），但是變數的**數值**則會改變（如當角色死亡時，它的生命數就會減少）。

我們自己也一樣擁有變數。當我們出生時，眼睛的顏色可能與現在不同，我們的身高也會隨著年齡增加跟著變大：

變數名稱	數值
EyeColour（眼睛顏色）	綠色
Height（身高）	150 公分
Age（年齡）	16 歲

我們身上一直都會保有這些變數，其中的數值可能會在一段時間裡面保持不變，也可能會因為生理狀態的不同而轉變。（因為我們一定會變老！）

簡單來說，變數就是裡面裝著東西，外面貼上標籤的箱子（你也許也注意到了，變數的名稱裡頭不能加任何空格）。

雪人猜字

雪人猜字遊戲就是觀察變數很好的例子。這個遊戲適合兩人以上的玩家一起玩。

△ 規則 ▽

第一個人（玩家1）先想一個英文字，然後畫出可以填入字母的空白方框。我們就先拿「binary」（二進位）這個英文字當作例子吧。

第二個人（玩家2）便開始猜各個字母，每當猜對一個字母，就在方框中填入正確的答案。如果玩家超過兩人，那麼，只要猜錯，就必須換下一位玩家猜字母。遊戲持續進行，直到某位玩家猜出正確的英文字，或是玩家猜錯的次數達到九次而輸掉比賽。

每猜錯一次，雪人就能多堆出一個部位：

1. 第一次猜錯：雪人的底部堆起了一顆最大的雪球。
2. 第二次猜錯：雪人的軀幹就堆上一顆中型的雪球。
3. 第三次猜錯：雪人的頂部堆上一顆最小的雪球。
4. 第四與五次猜錯：堆出雪人的左、右手臂。
5. 第六次猜錯：雪人頭上堆出一頂帽子。
6. 第七與八次猜錯：堆出雪人的兩隻眼睛。
7. 第九次（最後一次）猜錯：為雪人裝上一個胡蘿蔔鼻子。

我們的變數在哪兒呢？在雪人猜字遊戲中，第一個可以找出的變數就是那個謎底字（就讓我們稱之為 MysteryWord）。對遊戲一開始的玩家 2 來說，謎底字就是字典裡面任何一個有六個字母的英文字。在玩家眼中，謎底字就是一個裝有未知數值的箱子。對選擇出謎底字數值的玩家 1 而言，謎底字 =「binary」。

遊戲中的另一個變數就是玩家猜字（我們把它稱為 PlayerWordGuess）。玩家 1 知道玩家 2 會在遊戲進行中的任何時刻猜這個英文字是什麼。玩家 1 會宣布這個玩家猜字與謎底字是否相同。

當玩家 2 說：「這個字是不是 brainy ？」

100　AI 時代必讀！一看就懂的程式語言思維課
HOW TO THINK LIKE A CODER WITHOUT EVEN TRYING

```
MysteryWord = ' binary'
PlayerWordGuess = ' brainy'
(MysteryWord == PlayerWordGuess) = FALSE
```

玩家 2，抱歉答案不是這個，但你可以再猜猜看！

△ 用「for 迴圈」控制遊戲 ▽

記得我們曾經說過「for 迴圈」會受規定的次數控制嗎？（參見第 75 頁）在像是雪人遊戲這種需要輪流的遊戲中，遊戲是否結束會受玩家猜錯的次數控制，因此，我們可以在進行的迴圈中使用變數。

我們知道一旦猜錯的次數達到九次時，遊戲就會結束。所以我們可以在每回遊戲開始就創造一個數值為「9」、名稱為「incorrect（猜錯數）」的變數：incorrect = 9。

另外，我們也希望玩家每猜錯一次，「猜錯數」就減一，因此：

```
If PlayerWordGuess != MysteryWord
Then incorrect = incorrect -1
```

還記得運算子「!=」的意思就是「不等於」嗎？所以，當玩家猜字與謎底字不同時，猜錯數就減一。我們可以在不換變數的情況下，讓變數增加與減少，就像電視遊樂器遊戲裡玩家可以增加或減少分數。

當我們把所有可以猜錯的次數用完後：

```
If incorrect == 0
Then 停止
```

遊戲結束！

答案就在這裡

還記不記得我們在第 72 頁演算法提到的猜猜你幾歲遊戲？我們接下來為你介紹一個你可能已經玩過的類似遊戲，而且你可能還沒發現它也使用了變數！

變數的變化取決於使用的方式。在以下這個例子中，我們會利用某人提供的年齡進行數學運算。不論我們得到的年齡數字為何，計算之後的答案永遠會是三。

1. 請一個人隨意想一個數字。
2. 請他把這個數字乘以二。
3. 請他再加上六。
4. 請他再除以二。
5. 請他再減去原本想出的那個數字。
6. 告訴他答案就是三。

你可以把第一步驟換成請他用他的年齡當做第一個數字，變數就會是他的年齡。我希望我的程式可以用在所有的年齡，所以接下來我把程式編寫成適用於某人的特定年齡。因此，就把這個變數稱為「年齡」，然後寫成這樣：

$$((((\text{年齡} \times 2)+6)/2)- \text{年齡}) == 3$$

也許你會很想把變數取個有趣的名稱，而且對程式整體而言也沒有什麼妨礙（例如 wangDangDoo 或是 crumpetMonster）。但是，你永不會知道你的程式最後會散播到何方，所以最好是取一個讓最多人都能理解的名稱！

同音字遊戲

這是一個維多利亞時代流行的遊戲，出題者會先選出一組同音異義字（一種念起來一樣，但是拼音與字義不同的英文字），接著造出一個同時包含兩個同音異義字的句子，不過，在念出句子時，把這兩個同音字都替換成「teakettle（熱水壺）」。

例如：「I heard that a thief tried to **teakettle** that **teakettle** girder from the building site.（我聽說有個小偷試圖**熱水壺**建設工地裡的**熱水壺**梁。）」答案是 steal（偷）與 steel（鋼鐵）。

遊戲的目標就是在與出題者的對話之間找出這個神祕的字。出題者回答時也必須用上這個同音異義字，而且仍然以「熱水壺」代替，範例如下：

猜題者：「So, What did you do today?（所以，你今天做了什麼？）」

出題者：「I had to **teakettle** myself against the cold.（因為今天很冷，我必須**熱水壺**我自己。）」答案是 steel（鍛鍊）。

對話持續到有人猜出這個字並得到分數為止。一直到沒有人能繼續猜，出題者就獲得分數，並接著出題。

在這個例子中，我們的變數 'teakettle' 同時擁有兩個數值。這怎麼可能呢？這時，陣列（array）就派上用場了。陣列就是擁有一組可能數值的變數，它把（同樣類型的）資料集結在同一個名稱下。在遊戲的最後一回合，變數 'teakettle' 有 steal 與 steel 兩個數值，任何一個數值都可以合理替換 teakettle：teakettle = steal/steel。

我在我的包包裡裝了……

另一個使用陣列的有趣遊戲就是記憶遊戲「準備行李」（Pack my bag game）。遊戲一開始，第一個玩家會說：「我在我的包包裡裝了……，狐猴。」下一個玩家接著為行李增加一樣東西：我在我的包包裡裝了……，狐猴與速寫本。」接著下一個玩家繼續。

遊戲輪流進行，直到某個玩家把包包裡東西的順序混淆，或是全部忘得一乾二淨。最後一位還記得包包完整內容的人就是贏家。

在這個例子中，我們創造了一個變數陣列（就稱之為包包清單吧），然後不斷增加帶的東西，直到某人腦袋裡儲存變數陣列的「記憶體」耗盡（希望他們不會當機）！

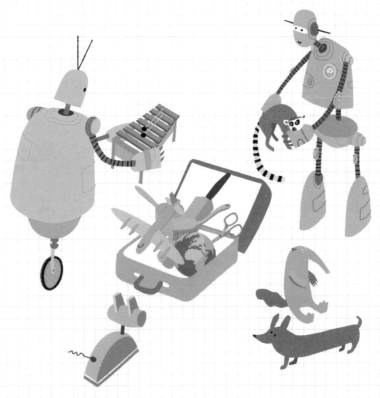

升級版神奇 8 號球

回到之前提過的神奇 8 號球（參見第 96 頁），我們一樣可以用一個 1 到 20（或是下面用的 0 到 19）的陣列寫下答案表裡的解答。

△ 陣列注意事項 ▽

當我們使用電腦與編寫程式時，數字會從 0 開始算起，而不是由 1 開始。在我們利用紙與骰子玩的神奇 8 號球遊戲中，我們為骰子輸入了產生「隨機」數字的功能，但是這樣的骰子上面沒有零。當我們把這個遊戲翻譯成帶有答案表陣列的電腦程式時，則會直接請電腦產生一個零到二十三之間的隨機數字，而不是一到二十四。

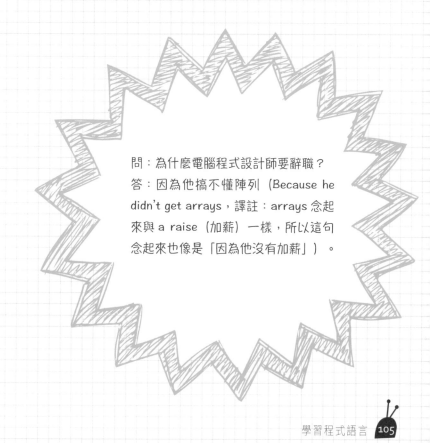

問：為什麼電腦程式設計師要辭職？
答：因為他搞不懂陣列（Because he didn't get arrays，譯註：arrays 念起來與 a raise（加薪）一樣，所以這句念起來也像是「因為他沒有加薪」）。

除錯

在你學著如何像程式設計師一樣思考與編寫程式時，有一件非常重要的事，就是知道事情不會總是第一次嘗試就能成功。而且，每個人都是如此，所以千萬別因此氣餒。電腦的思考方式不像我們，電腦也只能做出我們叫它做的事（這個特點其實有好有壞）。因此，我們花在為程式**除錯**（debugging，譯註：其中的 bug 為小蟲子之意，所以這個字的直接意思就是除蟲）的時間，也許比創造程式草稿中的解決方案還要長（記得，我們光是修正起司三明治的演算法就進行了三次）。不過，每次重複檢驗程式時，都可能重新發現新的方式。

除錯是什麼意思？

雖然除錯這個名詞在其他產業使用的時間比電腦界早，但是這個字其實由美國的海軍上將葛蕾絲·哈潑（Grace Hopper）在 1940 年代於哈佛大學使用 Mark II 電腦時所創，當時她發現電腦繼電器（ralays）卡著一隻真正的蟲（當時是一隻蟊蟲），而讓電腦無法正常操作。她在報告中寫道：「為系統除錯（debugging the system）」，此後，這個字就流傳了下來。

就像我們到現在認識的許多電腦用語，除錯也並非只能用在電腦與電腦科學領域。其實，愛因斯坦（Albert Einstein）在十九世紀晚期也曾經用「蟲子」（bugs）形容「小錯誤與難題」。也許你也曾經聽過「故障」（glitch）或「小魔精」（gremlin），用來形容類似還不知道是什麼東西跑進了系統，而把東西弄得一團糟的情況。

除錯就是在進行你的處理、演算或流程表時，嘗試解決其中讓程式無法正確運作的錯誤。

錯誤的類型

我們把可能遇到的錯誤（蟲子）大約分成兩類，語法錯誤與邏輯錯誤。**語法錯誤**（syntax bugs）是我們在陳述或編寫時出了差錯。**邏輯錯誤**（logic bugs）則是指當指令執行時演算法沒有照計畫進行。

試試看找出以下演算法裡隱藏的語法錯誤：

△ 如何摸貓咪 ▽

1. 抓起貓咪。
2. 把貓咪放在腿上。
3. 摸摸咪。
4. 把貓咪放下。

　　我在步驟三中少打了一個字。如果機器人或電腦試著運作這個程式，他們就會不知道「咪」是什麼，最後就當機了。

△ 如何摸貓咪 ▽

1. 抓起貓咪。
2. 摸摸貓咪。
3. 把貓咪放在腿上。
4. 把貓咪放下。

　　這次我們順利摸摸貓咪了，但是我們還沒把他放到腿上。所以，抓起貓咪、摸摸貓咪再把牠放到腿上，其實就是一種邏輯錯誤，對嗎？

　　如果語法與邏輯同時出錯會是如何？

△ 如何摸貓咪 ▽

1. 抓起貓咪。
2. 把貓咪放在腳上。
3. 摸摸貓咪。
4. 把貓咪放下。

　　沒錯，這次我不小心把腿寫成了腳。即使上面的指令可以看得懂且執行，但是一定會產生意外的成果！

　　回到寫好的程式中一行一行地檢查除錯，真的是一件漫長且辛苦的任務。幸運的是，大多數的程式語言整合開發環境會在錯誤還沒犯下前，就幫你找出問題點（大部分的程式會在整合開發環境跑過一遍之後，才會開始執行）。

　　當你沒有整合開發環境的協助時，除錯的第一步就是查看演算法中無法執行的部分。假如你在設計一個車子遊戲的程式，但鍵盤上控制車子的箭頭卻不聽使喚，最應該查看的部分是哪兒呢？如果你找不到這部分程式到底在哪裡？啊！這就是為什麼我們應該隨時為程式寫下註解。

寫下程式註解

直到現在我們都還未真正看到實際的程式碼，也還沒直接看看如何在程式碼裡加入註解（comments），而且不同程式語言加入註解的方式當然也不同。不過，現在讓我們參照之前章節寫過的類程式碼，看看如何在其中加入註解吧。註解會直接寫在你的程式碼中，但不同的是，這些註解電腦看不懂也不會把它們當作須執行的指令。因為，我們會在每一行的註解前面加上一個特殊符號，告訴電腦可以直接忽略它們。

下一行指令會將 Hello world 輸出到螢幕上
print（"Hello world"）

在上面以 Python 程式語言輸出「Hello world」的例子中，我們多加了一行開頭帶著「#」號（我們通常稱為井字符號，但它真正的英文名稱為 octothorp！）的註解。在 Python 程式語言中，「#」號表示符號之後的所有一切皆可忽略。你可以依需要愛放幾行註解都可以：

Hello World v1
A. Coder
#
這是我的第一個 Python 程式。
#
下面那行可以在螢幕上輸出 Hello world
print（"Hello world"）
就這樣吧，掰掰！

這個程式總共有八行，雖然其中僅包含一行程式碼！請善加利用註解；記住，你可能會為了一個程式花上好幾天，甚至好幾個星期，如果你在程式裡面加了描述做了些什麼的註解，未來的你一定會感激涕零。

加入新的程式碼，以評估玩家猜字變數與謎底字變數
(MysteryWord == PlayWordGuess) = FALSE

持續保持在程式碼與演算法（即便你只是在紙上打草稿）寫下註解的好習慣，這將會節省你許多除錯的時間。當你與許多人一同編寫一組程式案子，註解也能幫助其他人看懂你的程式碼。

黃色小鴨除錯法

「黃色小鴨除錯法」（或簡稱「黃色小鴨」）是一種效果驚人的除錯方式。首先，你要買一隻黃色小鴨（沒錯，就是飄在浴缸裡的玩具），然後把它放在電腦前。接下來，你要仔細向它（它完全不懂什麼程式設計，它只是一隻鴨子）解釋你的程式碼應該怎麼運作。

這個除錯法的原理就是，程式設計師經常會在向一般人（非程式設計師）解釋程式碼應該如何運作時發現自己犯的錯。這個方式會強迫設計師非常確實地解釋程式如何執行，他們自己就會突然發現錯誤並拍著大腿說：「啊哈！」。黃色小鴨就只是安靜地坐在那兒，很高興能幫上忙，然後徹底幫我們保守祕密。

當你在日常生活中開始觀察到各種功能、變數、迴圈與演算法時，你也同時不斷地進行除錯。每當我們學新技巧時，我們也會開始犯錯，但是在練習與決心之下，你一定會愈來愈上手。

大型科技公司經常擁有「除錯賞金」（Bug Bounty）專案，使用者會在軟體測試程式以找出錯誤，並獲得獎金。

未來程式
設計師

你的下一步

當你開始想要減少使用現成的軟體，並且創造更多自己的程式時，看看以下一些你可以帶著一同踏上旅途的建議吧。

該用什麼工具呢？

俗話說的好，最棒的工具就是放在你面前的工具。可能是紙筆，也可能是你的智慧型手機或電腦。不論你用的是什麼工具，都要徹底熟悉它。同時，也要準備好幫助別人使用他們的拿手工具。裡裡外外徹底了解你的整合開發環境（參見第 58 頁）。

學著使用快速鍵

這並非只為了編寫程式，快速鍵也能讓你使用電腦更有效率。每一臺電腦的每種操作系統與程式，都有一大堆鍵盤快速鍵，讓你的雙手可以不用一直在滑鼠（觸控板）與鍵盤間來回移動。

需求與功能

當你展開設計程式的旅程，開始撰寫你想要創造的遊戲或程式的基本規範。詳細的細節可以留到以後解決，因為在專案還沒變成想像中的「完美」境界之前，你很有可能永遠都不會公諸於世。為自己設立一個完成期限，才能順利地讓你的程式如期上路。想想你的程式功能特色是什麼？你的極限在哪裡？

你也許會很想把所有創意都放進一個專案裡面，但是，當心一旦真

的這麼做了，你也許永遠都無法完成這個專案。以時間與功能特色約束自己，能確保你真的有完成專案的一天。而且，你的好點子說不定還可以用在未來其他專案上（看看憤怒鳥〔Angry Birds〕有多少個版本吧！）。

養成寫筆記的習慣

有時候，最棒的科技就是用你手邊的鉛筆與紙寫下筆記，寫下你正在著手進行什麼以及你需要解決的問題等等。筆記是評估進度的好方式，而且你的工具是紙筆，這樣還可以讓眼睛時不時離開電腦一下。

如果你是一位厲害的程式設計師，你的筆記也許很快地就會為你的履歷累積分數，因為你永遠都不會知道你的哪個專案會大獲成功！

不要黏著你的電腦

電腦高手坐在書桌前，聳著肩大啖垃圾食物的典型畫面已經不復存在。身為未來程式設計師的你，需要時常保持大腦在戰鬥的狀態！吃得健康、運動、定時離開書桌前起身活動，並確保每晚都有充足的睡眠。

要把程式末端使用者放在心上

　　想想你程式的使用者會怎麼思考與使用你的程式。記得，雖然你身為程式設計師，你的末端使用者很可能並不懂得寫程式，所以，你也必須像使用者一樣思考！把找其他人測試程式也列入計畫之中，如此才能得到回饋。末端使用者與測試者可能會點擊你不希望他們碰觸的地方，因此能發現你在編寫程式時沒想過的錯誤。記住，他們都是來幫助你的人！

別閉門造程式

　　別關起門來獨自寫程式，試著找到同類人測試你的專案，他們可以不時提供你有用的見解。加入程式設計線上社群或當地的駭客空間（hackspaces），看看自己能否成為其中的一份子。

擁抱錯誤，從中學習

　　認清你很可能無法在第一次就讓一切成功。擁抱你犯的錯誤，並且用錯誤讓自己變得更強。學著接受有建設性的批評（也要學會捍衛自己的決定）。就像愛因斯坦說的：「失敗是成功必經之路」。

註解，註解，註解

　　為你的程式碼寫下註解。也許你會覺得根本不需要寫什麼註解，但是，為了未來的你也許想要重新查看專案，或甚至是一同合作的人著想，註解真的很重要。在程式碼裡留下註解，能讓你執行程式專案更輕鬆也更快速。留下註解時語句要用容易理解的敘述，記得，也許查看的人可能一開始根本不懂這個程式碼的內容，因此需要你的指引。

　　在你修改程式碼的同時，也要記得一同更改註解！

活到老，學到老

　　永遠不要停下學習的腳步，也千萬別因為科技的變化而自亂陣腳。不論你現在幾歲，永遠都可以扮演重要的角色。試著學會至少兩種程式語言。程式世界裡永遠都有更多值得我們學習的地方，所以除了發揮對學習的熱愛，並且在旁人踏上學習程式設計的路上幫助他們！

學習不同的程式語言

　　當你學著如何編寫程式的同時，記得也要經常與非程式設計師溝通常見的基本知識。他們可能是你的上級主管、客戶、同事或你愛的人。透過不同看待世界的角度，能讓你變成一個更棒的溝通者，不僅是與電腦溝通，更包含了其他所有人！

樂於助人

幫助別人上一層樓、自願協助他人編寫程式、研究其他程式碼，大膽向別人問問題！程式設計的社群很龐大，正等著你也成為其中一員。你能做些什麼好讓下一代擁有更美好的世界。

花點時間制定計畫

別急著埋頭苦幹，花點時間好好安排各個事項。即使你在編寫其他程式的途中，突然想到了一個最絕妙驚人的好點子，也該停下來，花點時間把這個創意寫下，留待以後好好發展。

備份

時時確定自己已經存檔，並且準備一個備份系統的地方；今日，已經很難找到沒有系統備份的電腦了。學習版本控制（version control）與確認程式因儲存過程產生的改變。

永遠都要玩得開心

即使投身在以數據與企業導向方面的程式設計是比較容易的道路，但是，別忘記懂得編寫程式的思考模式，是最能讓你展現自我的一種能力。花時間設計遊戲、視覺藝術品，或為你的家人或社區創造些什麼吧。

設計程式改變世界

當擁有的力量愈強大……

1940 年代，最早出現的數位大眾電腦之一就是 ENIAC，它的目的是為了拯救更多性命。雖然近年來電腦的目的較多放在娛樂與消費，但是，電腦與設計程式的能力現在也擁有了前所未有的機會，延續這股助人的潮流。

近幾年，全球無數大學、公司與程式設計俱樂部掀起了更多社群運動，這些運動都有個共通點，他們都試圖以自己在程式設計方面的專業，為了讓世界產生正向的改變。不論是協助提高開發中國家弱勢者能見度的慈善活動設計網頁，或是為南美醫療訓練公司製作志工留言板，你都可以為這個世界做出改變。

……隨之而來的責任也愈重！

編寫程式的思考模式已經成為你的超能力，該如何使用此能力的決定權就握在你手中（運用的範圍不一定要放眼國際）。這可以僅僅是在地區性的程式社團裡擔任志工，或是幫助可能年長你三倍的人學習程式設計。同時，在這條學習程式設計的路途中，也問問周遭的人是否需要彼此的幫助。畢竟，一同學習永遠都更棒！

ENIAC 其實是全由女性編寫程式的電腦，其中許多人的貢獻在有生之年從未得到應有的認同。

再玩一個遊戲吧！

萬國碼密碼盤

我們知道電腦可以利用二進位表示 0 與 1 以外的數字，但是它們是怎麼認識這些 0 與 1 以外的數字？任何數字、符號與字母都稱為字元（character），而電腦其實也認識它們。而且，二進位編碼系統也不是電腦唯一使用的編碼。

下一頁就是如何以英文表達萬國碼系統的例子：

而且，這個例子裡只包含了小寫字母！還有不同的數字表示大寫字母與標點符號等其他符號。幸運的是，編寫電腦程式的發展路途已經走得相當長遠，我們不再需要知道所有萬國碼字元。現在，我們只需要使用文字就可以直接編寫程式。

字母（小寫）	萬國碼數值
a	97
b	98
c	99
d	100
e	101
f	102
g	103
h	104
i	105
j	106
k	107
l	108
m	109
n	110
o	111
p	112
q	113
r	114
s	115
t	116
u	117
v	118
w	119
x	120
y	121
z	122

凱薩密碼

　　超過兩千年前，凱薩大帝（Julius Caesar）曾為他的軍事訊息設計出知名的密碼（密碼就是將字母轉換成另一個字母或符號），當時，他將每個字母都分別替換成下三個字母（A→D，B→E），這種加密方式可以用常見的密碼盤表示。密碼盤包含內外兩個輪盤，外盤為二十六個英文字母，內盤也是二十六個英文字母且可以獨自轉動。

122 AI 時代必讀！一看就懂的程式語言思維課
HOW TO THINK LIKE A CODER WITHOUT EVEN TRYING

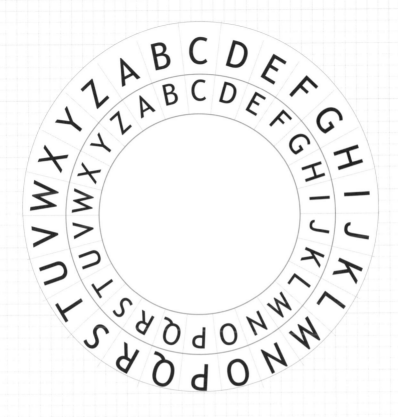

△ 打造一個自己的密碼盤 ▽

　　依照下面的製作方式就可以打造一個屬於你自己的密碼盤，然後與你的朋友一起分享祕密訊息吧。

　　影印本頁上方的密碼盤（別直接從書上剪下！）。因為需要內盤與外盤，所以請複印兩個密碼盤。分別剪下兩個密碼盤（圓圈），然後將兩張密碼盤的圓心固定著且都可以自由轉動。你也可以再為萬國碼多做一個密碼盤。

用程式設計師的腦袋過生活

恭喜！你現在已經輕輕鬆鬆地知道了如何用程式設計師的腦袋思考！所以，程式設計師的思考模式到底是什麼意思？這個意思就是解決問題的能力與有創意地展現自己的想法，而且，你很有可能已經擁有這兩種能力。

但是，你很有可能還不知道怎麼用編寫程式的邏輯，思考生活中的各個層面！

∞ 如果你喜歡做音樂，你就知道如何像程式設計師一般思考。
∞ 如果你能想出一些舞步，你也一定知道如何像程式設計師一般思考。
∞ 如果你喜歡踢足球，你當然也一定知道如何像程式設計師一般思考。

用程式設計師的腦袋思考、電腦程式般的思考模式或電腦科學等等，無論你聽過的是哪一種稱呼，它代表的都不僅僅只是數字、符號或甚至程式碼，這些其實說的都是解決問題的能力。

就像我們看過的，你其實根本不需要電腦就可以想出創新的解決問題方式。電腦（還有旁邊的黃色小鴨）只是另一個可以拿來使用的工具。

程式設計師的思考方式是一組關於因果邏輯與數學的技巧，但其實也是一種創造力的表現媒介，很帥氣的媒介。電腦不是魔法，它們完全在我們的掌控之中，而且學習它們的方式也完全取決於我們自己。解決問題的創新思考模式絕對比世上任何一臺電腦都更聰明也更強大！

救救西北太平洋樹章魚

　　我們曾經提到批判性思考，這也相當值得我們進一步詳細解釋這到底是什麼意思。我們，所有人都彼此連結。據估計，2014 年有超過十億個網頁，而 2019 年預計將有二十五億個智慧型手機使用者，現在，已經很少有我們無法在相當短的時間找到的資訊。然而，這並不表示所有資訊都是精確的。就拿「西北太平洋樹章魚」（Pacific Northwest Tree Octopus）網站為例。

　　如果你做了簡單的搜尋就會知道西北太平洋樹章魚是一種在北美洲西海岸奧林匹克半島（Olympic Peninsula）溫帶雨林出現的瀕臨絕種物種。有為數眾多的網站詳細介紹樹章魚目前狀態，以及污染與天敵如何將牠們逼近絕種威脅。你可以加入訂閱信箱、在推特（Twitter）標註自己支持救援活動，或甚至購買活動 T 恤與咖啡馬克杯。

　　但是，這種章魚其實並不存在。這個網站其實是一個相當成功的網路惡作劇（1998 年開始！）現在已經成為學校裡網路素養（internet literacy）的測試。直到今日，這個網站仍然持續捉弄不計其數的年輕學子，他們相信樹章魚真實存在且因為會被大腳怪吃掉瀕臨絕種。

　　事後想想，也許在很多人眼中章魚會住在樹上其實是一件很可笑的事，但是當我們指尖點一點就擁有全世界的資訊時（這句話既真且假），便很難在虛虛實實中判斷真假。

　　網路是程式設計師的主要資源之一，無數種解決程式碼的方式可以在許許多多的網站找到。但是，在你搜尋快速解決問題方式之前，請確定你完全了解自己的問題。先花點時間研究你選擇的程式語言的說明文件，或甚至當面一對一地請教程式前輩或老師。另外，也分析一下你獲得的解法，並且評估解法的來源。

多一點運算思維

運算思維可以分為以下四個部分：

∞ 拆解問題（Decomposition）
∞ 辨認模式（Pattern Recognition）
∞ 抽象化（Abstraction）
∞ 演算法設計（Algorithm Design）

以上四點看起來都相當重要，所以讓我們把這些名詞一一拆解成比較容易理解的簡單說法。

拆解問題

想想電影如何製作與整合。好萊塢電影平均而言都需要一組數以千計的組員，從視覺特效團隊、服裝團隊到伙食團隊等等。雖然你只能在螢幕前看到寥寥幾位演員，也可能只認識導演與製作人的名字，但是能讓電影完成且順利上映需要一個相當龐大的團隊努力。如果我們把好萊塢電影當作一個巨大的問題，那麼，其中的演員與電影製作團隊就是比較小且共同合作的拼圖。

辨認模式

　　辨認模式幫助我們解決擁有相同模式的問題，所以這個運算思維的第二步驟幫助我們進一步破解問題。例如，在進入網站閱讀資訊之前，我們必須先辨識出不同的圖像模式，這種圖像辨識稱為驗證碼（**CAPTCHA**），許多線上網站公司都會使用驗證碼，以防止試圖「假扮」電腦或自動軟體。強迫使用者精確地完成圖像核對測試，是我們目前對抗這種軟體的方式。

　　在上面提到的驗證碼中，我們可能必須辨識出所有包含樹木圖形模式的圖片。這是電腦目前還無法做到的事。

抽象化

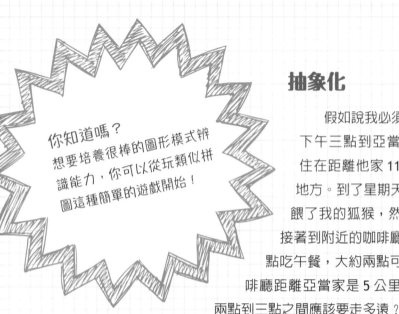

假如說我必須在星期天的下午三點到亞當的家，而我住在距離他家 11.6 公里遠的地方。到了星期天早上，我先餵了我的狐猴，然後去游泳。接著到附近的咖啡廳準備下午一點吃午餐，大約兩點可以吃完。咖啡廳距離亞當家是 5 公里，我在下午兩點到三點之間應該要走多遠？

當我們使用抽象思考時，我們會先把手邊所有與問題不相關的資訊去除，例如，我家與亞當家的距離其實並不重要，因為星期天下午我會離他家更近，我早上是不是先餵了狐猴或去游泳也並不相關。唯一相關的資訊就是咖啡廳與亞當家的距離：

5 公里

我甚至可以直接走過去！

如果我們回過頭看看好萊塢巨型怪獸，想一想當你看電影時被一個沒在螢幕出現的效果嚇到時，導演可能會選擇為了讓怪獸直接出現在鏡頭前花上約幾百萬美金，還是拍攝演員與「螢幕外」的怪獸打鬥，然後推疊電影裡的緊張情緒？

演算法設計

　　運算思維的最後一步涉及步驟順序（及演算法）的設計，並且測試你已經經過分解、模式辨識與抽象化過濾剩下的問題。不過，為了好好解釋，讓我們先來認識一下數學家高斯（Johann Carl Friedrich Gauss）。

△ 認識高斯 ▽

如果有人請你心算加總 1 到 100 等於多少，你覺得自己辦得到嗎？如果可以你覺得要花多少時間？

高斯在八歲的時候也曾經想過這個問題，當時是很久以前的 1785 年（在數位程式電腦之父查理·巴貝誕生的六年前）。故事是這樣的，高斯的老師想要讓班上的學生忙上好一陣子，所以出了這個加總的難題給大家，但是，高斯很快地就算出了答案：5050。

高斯並沒有一個一個加總所有數字（1+2+3……+98+99+100），相反地，他發現這些數字蘊藏了一種模式。如果把前後兩個數字加起來，每組數字都會加成一個相同的數字：1+100=101、2+99=101、3+98=101 等等。所有數字總共只能配成 50 組（50 便是 1 到 100 的中間數），所以，高斯只需要計算 50x101 就能得到正確的答案：5050。

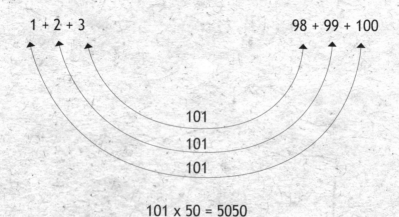

高斯的訣竅
加總 1 到 100

1 + 2 + 3   98 + 99 + 100

101

101

101

101 x 50 = 5050

高斯並不是一位電腦科學家（當時還沒有電腦這種東西），但他是一位非常聰明的孩子。八歲的高斯已經是一個創新的問題解決者。他把一個龐大的問題分解（拆解成比較可以掌握的步驟），然後發現模式（首尾兩個數字相加會等於同一個數字）。利用抽象化，他除去了其他不必要的步驟（在這個例子中，加法不再是解決這個問題的方法，乘法才是）。

著名的科幻小說作者亞瑟．克拉克（Arthur C. Clarke）曾說：「任何科技的重要進步都來自還未能看透的魔法。」魔法的問題在於當它消失時，人們便無法重現！如果我們都能以程式設計師的腦袋思考，我們就能在科技朝向未來飛馳而去時，始終掌控駕馭它的繩子。

你知道嗎？
如果你沒看出高斯發現的模式也別太沮喪，他其實是一位發現許多重要原理的數學天才。當他過世火葬時，人們甚至留下了他的腦子，並送到了德國哥廷根大學（Göttingen University），如今，高斯的大腦還在那兒呢！

所以，電腦科學家或電腦式思考家到底是什麼模樣？看看鏡子吧，你就會知道他長的是什麼樣子！

名詞解釋

演算法（Algorithm）一系列計畫好的步驟或是規則，以解決問題（參見第 70 頁）。

人工智慧（Artificial intelligence）電腦表現出來像是人類智慧般的能力。

二進位（Binary）一種數字系統，僅擁有兩種計算狀態：開與關（參見第 20 頁）。

布林（Boolean）一種只有兩個數值（真與假）的數據類型。

代碼或程式碼（Code）可以用來代表其他文字與符號的文字與符號。

註解（Comments）幫助未來的你查看程式碼的說明（參見第 117 頁）。

條件（Condition）評估真與假的狀態。

約束（Constraints）定義問題或專案的極限或是限制範圍。

核心（Core）微處理器的一部分，會接收指令，並且根據指令做出回應與計算。

跨平臺（Cross-platform）軟體或是應用程式能在不同的系統或平臺上以相同方式使用。例如，知名的憤怒鳥就能在不同的電腦與遊戲平臺玩，如 iOS、安卓（Android）、Windows Phone、Windows、MacOS、Playstation 與 XBox 等等。

數據（Data）構成資料的分散的原始材料。

數據語言（Data languages）處理數據的程式語言，如統計相關的「R」語言與處理資料庫的 SQL 語言。

除錯（Debugging）在程式碼中尋找無法順利進行的錯誤（參見第 107 頁）。

十進位（Denary）形容一種我們常用的數字進位法（即 1 到 10），也稱為 decimal。

效率（Efficient）以最少的努力得到最高成效的過程。

編碼／解碼（Encoding/Decoding）把數據轉換成其他格式的過程。

評估（Evaluate）比較兩個不同的數值。

執行檔（Executable）一種可以執行的電腦檔案或程式。電腦程式有時也會稱做「執行檔」。

執行（Execute）電腦程式完成指令的過程。

檔案（File）儲存在電腦裡的一組數據或資料。

流程圖（Flow diagram）一種把流程視覺化的表現，其中包含準備作業（start）、終止（end）與中間的過程（參見第 50～51 頁）。

整合開發環境（Integrated Development Environment, IDE）一種幫助編寫程式碼的軟體工具。

區塊縮排（Indented/Indentation）以空白區塊使程式碼格式化的方式。有些程式語言在每個陳述式前須包含正確數量的空白區塊，以確保程式碼可以更容易閱讀與正確執行。

輸入／輸出（Input/Output）進入電腦與從電腦吐出的資料。

物聯網（Internet of Things）以網路互相連結或「智慧」裝置的持續進展下，這些裝置可以彼此串連整合。可能包含燈泡、麵包機與空調等類型。

邏輯（Logic）利用因果關係原理幫助尋找編寫程式碼需求的解決方式。

邏輯錯誤（Logic bugs）程式邏輯設計有問題，造成指令執行結果不正確。

迴圈（Loop）程式中不須為重複步驟重寫程式碼的一種有效率的方式（參見第 73～87 頁）。迴圈包括兩種類型：「for 迴圈」與「while 迴圈」（參見第 75 頁）。

機器碼（Machine code）讓電腦微處理器認得的低階程式碼。

元數據（Metadata）一組資料的基本資料。

微處理器（Microprocessor）基本上就是電腦的大腦。

物件導向程式（Object-orientated programming, OOP）參見第 62 頁。

運算子（Operators）算術與比較運算的對應符號。

修補檔（Patch）對程式碼錯誤進行的修補。

周邊（Peripherals）外加在電腦為使用者增加功能性與運算的裝置，如鍵盤。

像素（Pixels）組成電腦顯示的小點。

程式語言（Programming languages）連結程式設計師與電腦的軟體。

類程式碼（Pseudocode）用以描述一組指令的名詞，指令如 If、Then 與 Else 等（參見第 81 頁）。

打孔卡（Punch cards）早期電腦系統擁有須插入電腦的打孔紙卡，用以呈現數位資料。

記憶體（Random Access Memory, RAM）電腦的記憶。

樹莓派（Raspberry Pi）一種可以插進電視或其他螢幕與鍵盤的微小電腦，可用來認識程式設計。

黃色小鴨（Rubber ducking）當解釋程式碼時，可利用黃色小鴨當做中肯的觀眾（參見第 111 頁）。

腳本語言（Scripting languages）執行前不須經過編譯的程式語言，如 AppleScript、CoffeeScript 與 VB Script。

伺服器（Server）擁有特定目的之電腦，例如麥塊（Minecraft）伺服器就是一個僅為執行多人連線麥塊遊戲而設計的電腦。

發表（Ship）完成、出版、發表與寄出你的專案。

陳述式（Statements）程式碼裡的一行。

逐步檢驗（Step through）一步步檢視程式碼的過程。

串流（Stream）在檔案還在下載並儲存的同時能有效執行的能力。這種功能大多應用在娛樂性應用程式，如 Spotify 與 Netflix。

成功準則（Success criteria）檢驗工作是否成功必須達成的種種步驟。

三段論法（Syllogism）路易斯‧卡羅（Lewis Carroll，參見第 41 頁）使其普及的一種因果邏輯模式。

語法（Syntax）讓語言得以口說、書寫與理解的規則。

語法錯誤（Syntax bugs）在指令理解方面所犯的錯誤。

語法標亮（Syntax highlighting）部分整合開發環境擁有的功能，可根據語法規則在程式碼中以高亮度顏色顯示關鍵字，幫助辨認及正確編寫程式。

電晶體（Transistor）一種可以開關或增強電流的微小電子裝置。

圖靈測試（Turing test）1950 年代，由艾倫‧圖靈設計的一種人工智慧檢驗方式，用來檢視電腦的行為是否與人類是無法區別的。

遍存計算（Ubiquitous computing）一種普遍用以描述電腦與電腦系統到處都能使用的概念。

萬國碼（Unicode）一種電腦能夠理解的呈現字元的標準。

變數（Variable）一個預留位置或「箱子」，可填入任何類型的數據或數值。

延伸閱讀

程式碼與電腦的歷史將隨著你的旅程繼續寫下去。以下是一些很棒的資源：
批判性思考與邏輯推理

阿里‧艾默沙維（Ali Almossawi），《打臉爛邏輯！：別再被這些話術唬弄過去》
（An Illustrated Book of Bad Arguments），2016 年五南出版。本書英文版能在線
上免費閱讀（www. almossawi.com/bookofbadarguments.html）。

阿里‧艾默沙維（Ali Almossawi），《做決定不要靠運氣：從出門購物到分類郵件，
用演算法找出人生最佳解》（Bad Choices），2017 年商周出版。

路易斯‧卡羅（Lewis Carroll），《The Complete Works of Lewis Carroll》，
1998 年 Penguin 出版。介紹一位著作產量極高的作者。還有更多資訊可以此網站
查到：www.lewiscarroll.org/carroll/texts。

馬汀‧加德納（Martin Gardner）《The Night is Large: Collected Essays, 1938-
95》，1997 年 Penguin 出版。介紹加德納的研究成果，但他的所有研究都能在以
下網站找到：www. martin-gardner.org。

打造現今科技的人物
比爾‧蓋茲（Bill Gates）：https://en.wikipedia.org/wiki/Bill_Gates
史帝夫‧賈伯斯（Steve Jobs）：https://en.wikipedia.org/wiki/Steve_Jobs
林納斯‧托瓦司（Linus Torvalds）：https://en.wikipedia.org/wiki/Linus_Torvalds
馬庫斯‧皮爾森（Markus Persson）：https://en.wikipedia.org/wiki/Markus_Persson

打造現今科技的組織
電子前線基金會（The Electronic Frontier Foundation）：https://www.eff.org/
樹莓派基金會（The Raspberry Pi Foundation）：https://www.raspberrypi.org/
Arduino：https://www.arduino.cc/en/Guide/Introduction
開放原始碼促進會（Open Source Initiative）：https://opensource.org/

線上學習
可汗學院（Khan Academy）：學習數學、科學與程式碼等等的線上免費資源，可依照自己的學習腳步，網站為 https://www.khanacademy.org/。

Python 自動化的樂趣（Automate the Boring Stuff with Python）： 阿爾．斯維加特（Al Sweigart）針對特定程式語言的指南，網站為 http://automatetheboringstuff.com/。
美國麻省理工學院的 Scratch（MIT's Scratch）：https://scratch.mit.edu/。
更多網路資訊可以在這個網站找到：coder.jimchristian.net。

索引

A

abstraction 抽象化 130, 133

age games 猜猜你幾歲 72, 102

algorithms 演算法 70-2, 92, 95, 131-3, 134

Analytical Engine 分析機 27

Angry Birds 憤怒鳥 115

Apple 蘋果電腦公司 58

arguments 引數 92-3

arrays 陣列 103-5

artificial intelligence 人工智慧 28, 134

astronauts on the moon 月球上的太空人 11

Atom 58

autocomplete 自動化 58

Automatic Teller Machines (ATMs) 自動提款機 13

B

Babbage, Charles 查理·巴貝 26, 27

backup 備份 118

bed making example 鋪床例子 47-51, 82-3

Berners-Lee, Sir Tim 提姆·柏納—李爵士 28

binary 二進位 10, 20-3, 26, 30, 54, 68, 134

bits 位元 19, 20

Bletchley Park 布萊切利園 28

BLOB (Binary Large OBject) 二進位大型物件 69

Bluetooth 藍芽 16

Boolean 布林 68, 82-3, 134

brain 大腦 18, 19, 35

brain exercises 大腦運動 34, 38-40

breathing 呼吸 94

bugs 錯誤（蟲子）107-9

bytes 位元組 19

C

Caesar cipher 凱薩密碼 122

CAPTCHA 驗證碼 129

Carroll, Lewis 路易斯·卡羅 41, 42, 137，亦參見 Dodgson, Charles Lutwidge（查爾斯·路特維奇·道奇森）

celebrities 名人 10

chemistry 化學 37

ciphers 密碼 120-2

Clarke, Arthur C. 亞瑟·克拉克 133

code 程式碼（代碼）10, 26, 134

coding introduction 編寫程式碼簡介 30-1, 47-51

coin trick 通靈硬幣 90-1

comments 註解 110-11, 117, 134

communication 溝通 117

compiled languages 編譯語言 59-61

complexity 複雜性 36-7

components 組成元素 29

computational thinking 電腦科學思維 125, 128-33

computers 電腦 11-17, 24

conditions 條件 81-7, 91, 134

constraints 約束 43, 44, 45, 134

context 上下文 57

core 核心 14, 134

CPU (central processing unit) 中央處理器。參見 microprocessors（微處理器）

creativity 創意 31

critical-thinking 批判性思考 9, 31, 126

cross-platform 跨平臺 134

D

data 數據 66-9, 134

data languages 數據語言 46, 69, 134

date 68

deadlines 最後期限 115

140　AI 時代必讀！一看就懂的程式語言思維課
HOW TO THINK LIKE A CODER WITHOUT EVEN TRYING

debugging 除錯 107-11, 134
decoding 解碼 10, 134
decomposition 分解 128, 133
Deep Blue 深藍 28
denary 十進位 21, 134
Difference Engine 差分機 26
Dodgson, Charles Lutwidge 查爾斯・路特維奇・道奇森 41, 42, 136，亦參見 Carroll, Lewis（路易斯・卡羅）

E
efficiency 效率 24, 95, 134
Einstein, Albert 愛因斯坦 107, 116
encoding/decoding 編碼／解碼 10, 134
ENIAC 119
Ethernet 乙太網路 16
evaluate 評估 134
executable 可執行 59, 134
execute 執行 54, 134
exercise 活動 35, 38-40, 116

F
failure 失敗 116
files 檔案 59, 134
finger codes 手指程式碼 22-3, 69
floating point numbers 浮點數 68
floppy disks 軟式磁碟 19
flow diagrams 流程圖 50-1, 82, 135
fun 玩得開心 118
functions 功能 46, 92-7

G
Gardner, Martin 馬汀・加德納 42
Gates, Bill 比爾・蓋茲 30
Gauss, Johann Carl Friedrich 高斯 131-3
Go Fish 釣魚趣 78-9, 84-7
GPS (global positioning systems) 全球定位系統 17
Greenfoot 58

H
hard drive 硬碟 15
helping others 伸出幫助的手 118
history 歷史 26-9, 65, 107
homonyms 同義詞 67
Hopper, Grace 葛蕾絲・哈潑 107
humans as computers 人類電腦 18

I
IDE (Integrated Development Environment) 整合開發環境 58, 109, 135
indented/Indentation 區塊縮排 57, 135
input/output 輸入／輸出 16, 135
integers 整數 68
internet 網際網路 28, 126
Internet of Things 物聯網 14, 135
interpreted languages 直譯式語言 59-61

J
Java 56-7, 58, 96
jokes 笑話 86, 91, 105
journals 筆記 115
keyboard shortcuts 鍵盤快速鍵 114
keyboards 鍵盤 16

L
learning 活到老，學到老 117
Leibniz, Gottfried 哥特佛萊德・萊布尼茲 20
lemurs 狐猴 60-1
logic 邏輯 46, 89, 135
logic bugs 邏輯錯誤 108-9, 135
logic puzzles 邏輯謎題 40-2, 44-5

loops 迴圈 73-9, 101, 135
Lovelace, Ada 愛達‧勒芙蕾絲 27-8

M

machine code 機器碼 20, 54, 135
Magic 8 ball 神奇 8 號球 95-7, 105
magic trick 魔術把戲 90-1
metadata 元數據 135
method 方法 96
micro:bit 16
microprocessors 微處理器 14-15, 135
mistakes 擁抱錯誤，從中學習 116
Moore, Gordon 高登‧摩爾 29
Moore's Law 摩爾定律 29
Morse Code 摩斯密碼 30
motherboard 主機板 17
mouse 滑鼠 16
music 音樂 25, 79

N

network 網絡 16
numbers 數字 68

O

OOP (object-orientated programming)
物件導向程式 62-5, 96, 135
operators 運算子 46, 88-91, 135
output 輸出 16, 135

P

Pacific Northwest Tree Octopus 西北
太平洋樹章魚 126
Pack my Bag game 我在我的包包裡裝
了…… 104
patch 修補檔 59, 65, 135
pattern recognition 圖像辨識 129-30,
133
peripherals 周邊 16, 135
phone numbers 手機號碼 67
pixels 像素 135
planning 計畫 115, 118

problem-solving 解決問題 34, 36-7,
43, 125, 133
programming languages 程式語言 8,
10, 46, 54, 59-65, 135
pseudocode 類程式碼 135
punch cards 打孔卡 27, 136
Python 56-7, 92, 110

R

RAM (Random Access Memory) 記憶體
15, 136
Raspberry Pi 樹莓派 16, 17, 136
recipes 食譜 50, 70
rubber ducking 黃色小鴨 111, 136
Ruby 56-7

S

sandwich example 三明治範例 70,
76-7
screens 螢幕 16
scripting languages 腳本語言 136
servers 伺服器 59, 136
ship 發表 136
smartphones 智慧型手機 11, 12, 17,
57
Smullyan, Raymond 雷蒙‧史慕楊 40
Snowman game 雪人猜字 99-101
specifications 規範 115
SQL (Structrued Query Language) 結構
化查詢語言 69
statements 陳述式 56, 81-7, 91, 136
step through 逐步檢驗 72, 136
storage 儲存 15, 18-19
stream 串流 25, 136
strings 字串 68
success criteria 成功準則 47, 49, 136
Sudoku 數獨 38-9, 43
syllogism 三段論法 41, 136
syntax 語法 55-8, 136
syntax bugs 語法錯誤 108-9, 136

syntax highlighting 語法標亮 58, 136

T
teakettle game 熱水壺 103
technology trends 科技趨勢 25
testing 測試 116，亦參見 debugging
（除錯）
text 文字 67
time 時間 68
toolkits 工具組 114
traffic lights 交通號誌燈 24
transistors 電晶體 20, 136
Turing, Alan 艾倫‧圖靈 28
Turing test 圖靈測試 28, 136

U
ubiquitous computing 遍存計算 15,
137
Unicode 萬國碼 137
Unicode cipher wheel 萬國碼密碼輪
120-1
universe 宇宙 36
USB (Universal Serial Bus) port 隨身碟
插孔 16
users 使用者 116

V
variables 變數 46, 98-105, 137
virtual assistants 虛擬助理 57
volunteering 志工 119

W
Walkman Walkman 隨身聽 25
Watson 華生 28
webcams 攝影鏡頭 16
WI-Fi 無線網路 16
World Wide Web 全球資訊網 28, 59
Wozniak, Steve 史帝夫‧沃茲尼克 30

XYZ
XCode 58

Zuckerberg, Mark 馬克‧祖克伯 30

致謝

以下的感謝名單雖不詳盡，但我想藉此機會感謝所有在 Batsford 的人們，尤其是 Kristy Richardson、Tina Persaud 與 Jocelyn Norbury，感謝他們邀請我寫一本有關程式設計的書，並徹底信任我。

誠心感謝 Paul Boston 能將我潦草的手稿變成美妙無比的插圖；感謝 Kara van Aardt、Michelle Beeson 與 Adam Reiniger 的審閱與建議；感謝我的老師 Marcia Wallin、Barnaby Horwood 與 Katherine Fox 在我身上種下對科技、數學與語言的愛。

另外，我也想謝謝 Alberto 和 Andrea Conte 以及 Don 與 Deb Christian，感謝他們不求回報的支持。最後，感謝 Alison 與 Wyatt 允許我比平常更守著電腦不放。